SUPERサイエンス

人類を救う農業の科学

名古屋工業大学名誉教授
齋藤勝裕 Saito Katsuhiro

C&R研究所

■本書について

●本書は、2020年2月時点の情報をもとに執筆しています。

●本書の内容に関するお問い合わせについて

この度はC&R研究所の書籍をお買いあげいただきましてありがとうございます。本書の内容に関するお問い合わせは、「書名」「該当するページ番号」「返信先」を必ず明記の上、C&R研究所のホームページ(https://www.c-r.com/)の右上の「お問い合わせ」をクリックし、専用フォームからお送りいただくか、FAXまたは郵送で次の宛先までお送りください。お電話でのお問い合わせや本書の内容とは直接的に関係のない事柄に関するご質問にはお答えできませんので、あらかじめご了承ください。

〒950-3122　新潟市北区西名目所4083-6
株式会社C&R研究所　編集部
FAX 025-258-2801
「SUPERサイエンス 人類を救う農業の科学」サポート係

はじめに

植物は水と二酸化炭素を原料とし、太陽から送られてくる核融合エネルギーを用いて光合成によって炭水化物を合成します。草食動物は、この炭水化物を分解、代謝して、タンパク質とエネルギーにします。このようにして成長した草食動物を食べるのが肉食動物であり、草食動物の肉などを代謝して自身の体にし、エネルギーをも生産します。つまり、私たち動物は植物が光合成によって作った炭水化物によって生かされているのです。

私たちが生き、活動し、考えるエネルギーは全て植物の作った炭水化物から得た物なのであり、炭水化物は正しく植物が作った太陽エネルギーの缶詰であり、農業と言うのはこの缶詰を作る作業なのです。農業には青空の下で植物と暮らす牧歌的なイメージがありますが、現代農業はそうではありません。高度に科学化、化学化されており、むしろ植物を使った工業と言った方が近いものに変質しています。

本書は、このように人間の存在、働きを根底で支える農業を科学の目で眺めた本です。本書が、多くの方々が近代農業を知る手づるとなり、農業の益々の発展に役立つことが出来たら嬉しい限りです。

令和2年2月

齋藤勝裕

CONTENTS

CONTENTS

Chapter 3 品種改良

CONTENTS

Chapter 4 土壌改良

CONTENTS

Chapter 5 農業プラント工場

Chapter 6 これからの農業

Chapter. 1
化学肥料

SECTION 01

植物の成長

私たち動物は体を持ち、その体は常に成長しています。体を作り、成長させ、更に維持するために私たちは毎日毎日空気を吸い、水や各種の溶液を飲み、必要な固形食品を食べなければなりません。

植物も同様です。植物も体を持ち、成長し、それを維持しています。しかし、限られた種類の食虫植物以外に固形の食物を摂る植物はいないようです。植物はどのようにして成長しているのでしょうか?

光合成

植物が成長するのは光合成のせいであり、植物は光合成によって自分の体を作って維持し、さらに花を咲かせて実と種を作り次代の個体

●光合成

$$mCO_2 + nH_2O \rightarrow C_m(H_2O)_n + mO_2$$

のための準備をしています。

光合成と言うのは、二酸化炭素CO_2と水H_2Oを原料とし、太陽の光エネルギーをエネルギー源として、炭水化物と酸素O_2を作ることです。炭水化物とは、見かけ上、炭素Cと水H_2Oが適当な比率m:nで混じった物で、分子式は一般に$C_m(H_2O)_n$で表されます。

光合成を行う器官は葉緑体(クロロプラスト)です。葉緑体と言うのは植物の細胞の中に入っている細胞小器官の一種であり、色は緑色であり、植物が一般に緑色なのはこの葉緑体のせいです。葉緑体の中にはチラコイドと呼ばれる円盤状の小胞があり、これは重なってグラナと言う組織を作っています。

●葉緑体の構造

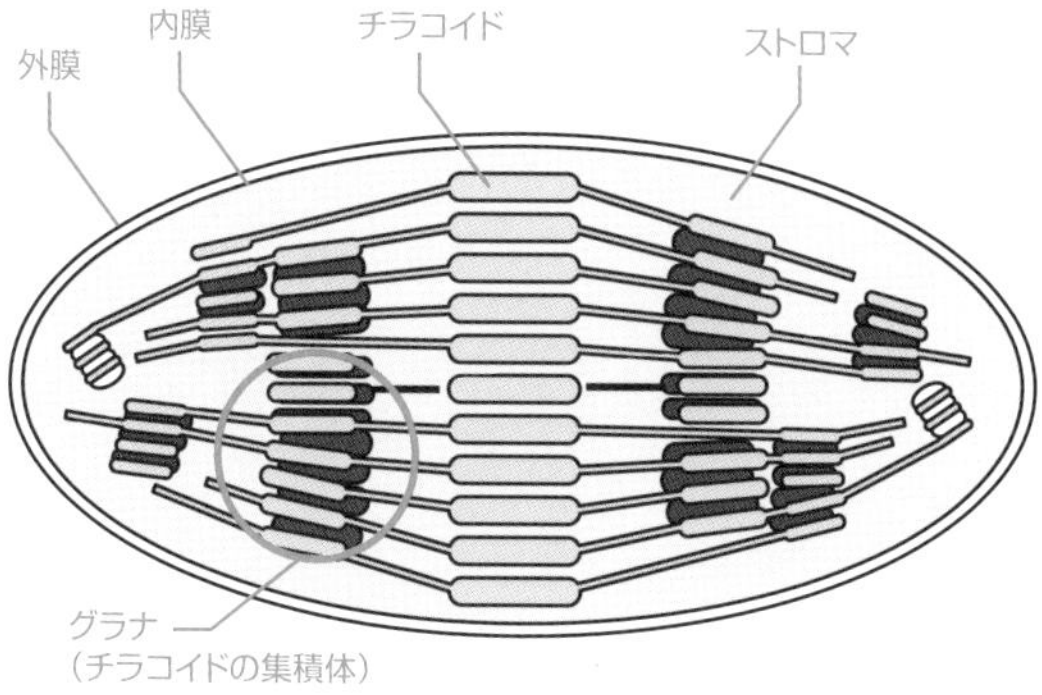

チラコイドの中には葉緑素（クロロフィル）と呼ばれる分子が入っており、これが光合成を行うのです。クロロフィルの分子構造は、人間の血液に入っている酸素運搬タンパク質であるヘモグロビンの中心分子ヘムにそっくりです。違いは中心の原子です。つまり、クロロフィルもヘムも、ポルフィリンと呼ばれる環状の有機分子の中に金属原子が入っています。この金属原子がヘムの場合には鉄原子Feですが、クロロフィルの場合にはマグネシウム原子Mgになっているのです。

光合成の機構

植物の行う光合成の反応機構は非常に複雑であり、それを完全に解明するのが21世紀の化学の命題だとすら言う化学者もいるほどです。この様な光合成の仕組

●ヘムとクロロフィル

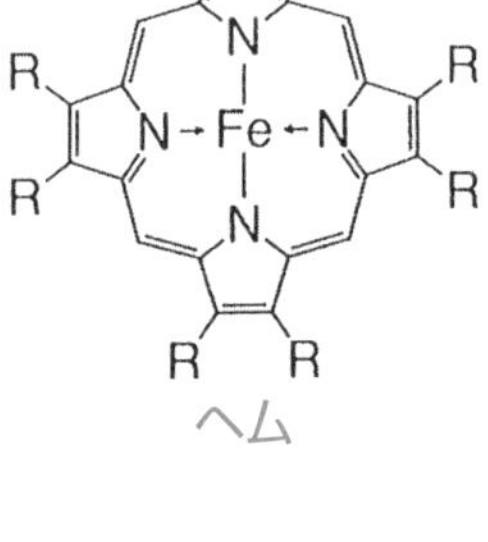

ヘム

クロロフィル

みを詳しく説明するのは本書の意図ではありませんので、ここでは光合成の本質的な部分を簡単に見てみることにしましょう。

❶ 単糖類の合成

植物は根から吸収した水と、葉の裏の気孔から吸収した二酸化炭素を原料とし、クロロフィルの吸収した太陽光のエネルギーを使って炭水化物の一種であるブドウ糖（グルコース）などの単糖類と言われる糖類と酸素O_2を作ります。

ブドウ糖は直接、動物の栄養源、エネルギー源になるものであり、生物一般にとって非常に大切な糖類です。ブドウ糖の分子式は$C_6(H_2O)_6$で、先に見た炭水化物の分子式$C_m(H_2O)_n$と一致しています。

2個のブドウ糖分子から1個の水が取れて結合（脱

●ブドウ糖と麦芽糖

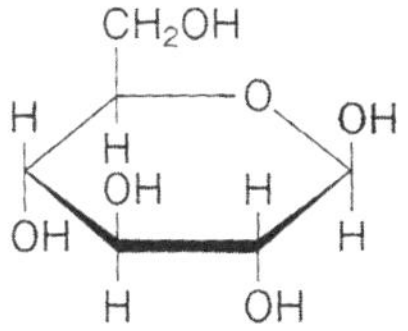

ブドウ糖

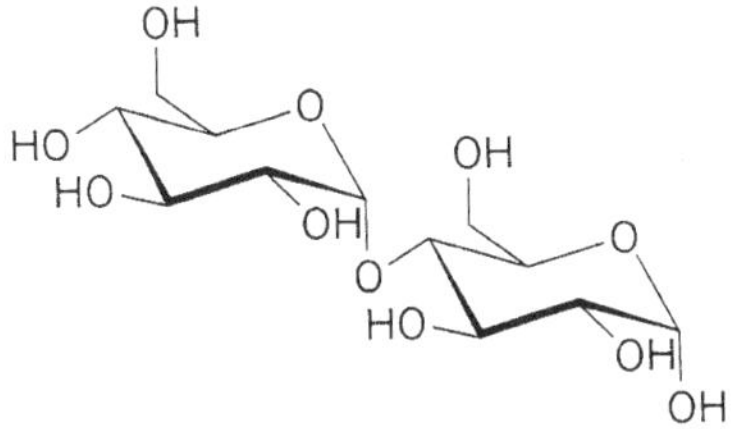

麦芽糖

水縮合)すると、麦芽糖(マルトース)になります。マルトースのように2個の単糖類からできた糖を一般に二糖類と言います。砂糖(ショ糖、スクロース)はブドウ糖と果糖(フルクトース)からできた二糖類です。乳糖(ラクトース)はブドウ糖と脳糖(ガラクトース)からできた二糖類です。(注：脳糖と言う言葉は一般的ではありません。普通はカタカナでガラクトースと言います。なお、ここで出てきた糖類の名前も最近ではカタカナ表記が多くなっていますが、本書ではわかりやすいように一般的な名前の漢字表記の方に統一しました)

❷多糖類の合成

麦芽糖がたくさん脱水縮合したものがデンプンです。つまり、デンプンはたくさんのブドウ糖が脱水縮合してできた物であり、この様な物を一般に多糖類と

●デンプン

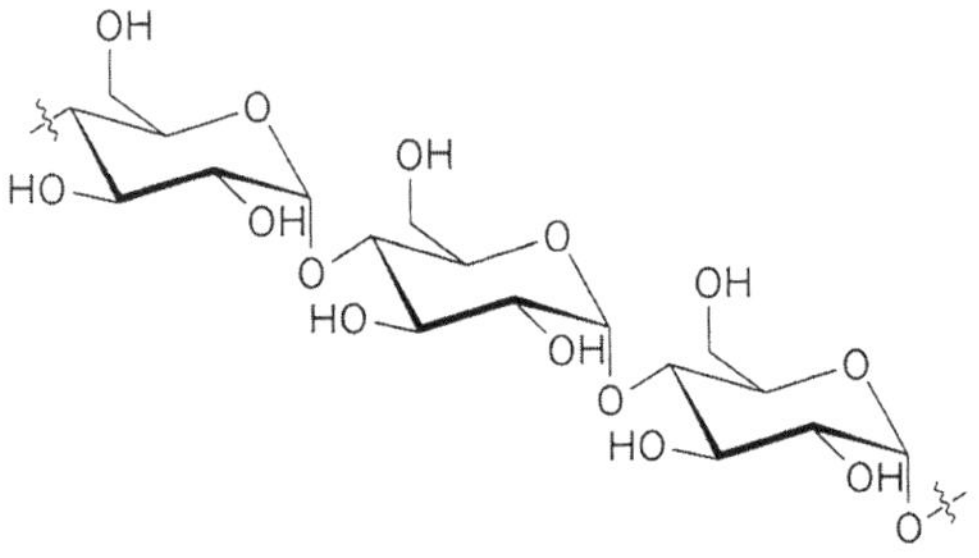

言います。

　ブドウ糖からできた多糖類にはもう一つ、セルロースがあります。セルロースとデンプンの違いは、ブドウ糖の繋がり方です。ですから、デンプンもセルロースも加水分解されてつながりが切れれば、どちらも同じブドウ糖となって動物の栄養源になります。

　しかし体内に持っている酵素の違いによって、草食動物はセルロースを分解することができますが、肉食動物や人間は分解することができません。そのため、人間は草を食べて栄養源にすることができないのです。これは人類の食糧事情を考える時に非常に残念なことです。人類が草をエネルギー源に使うことができたとしたら、人類の食料事情は大きく好転することでしょう。

　将来、私たちの腸の中に、大腸菌やある種の乳酸菌

● セルロース

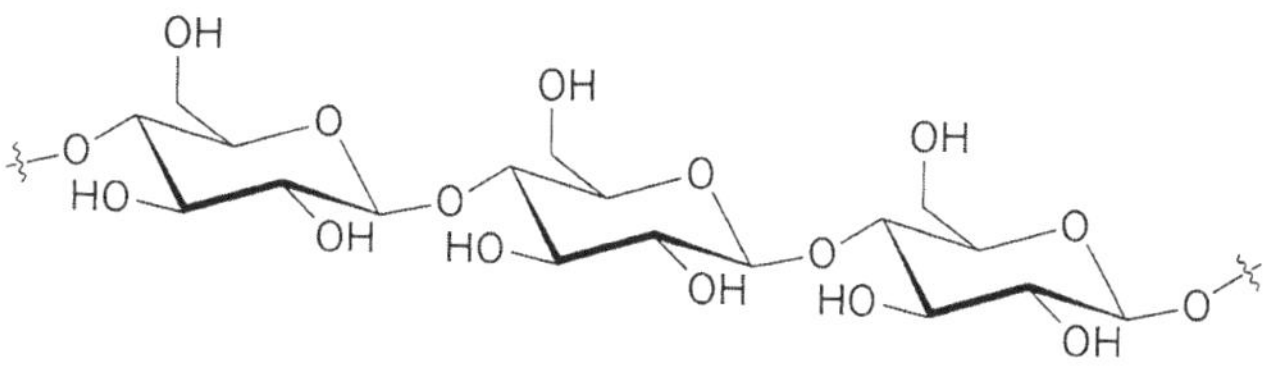

のように、セルロース分解菌を飼うことが出来るようになったら、草を食べて栄養源にすることが出来るようになるかもしれません。

糖類の分解

食物を食べて分解して他の物質に換え、エネルギーを得る行程をまとめて代謝と言います。

草食動物は植物の作った多糖類を加水分解して単糖類にし、それを代謝して、その一部をタンパク質とし、他の一部を更に代謝して二酸化炭素と水とエネルギーにします。そしてこのエネルギーで必要な生化学反応と生命活動を行います。これらの化学反応(生化学反応)を支配するのが各種の酵素と言われる物質であり、酵素はタンパク質の一種なのです。

このようにして成長した草食動物を食べるのが肉食動物であり、彼らは草食動物の肉などを代謝して自身の体にし、エネルギーをも生産します。

つまり、私たち動物は最終的には植物が光合成によって作った単糖類によって生かされているのです。私たちが生き、活動し、考えるエネルギーは全て植物の作った単糖類から得た物であり、その単糖類は植物が太陽エネルギーを利用して作った物なのです。

このように、糖類は正しく植物が作った太陽エネルギーの塊であり、太陽エネルギーの缶詰とでも言うようなものです。そして農業と言うのはこの缶詰を作る作業なのです。

SECTION 02

植物体を作るもの

植物は光合成によって体を作るとは言っても、水と二酸化炭素だけで育つものではありません。植物の花にはいろいろの色素があり、果実や葉には各種のビタミン、ミネラルが含まれ、生化学反応を円滑に行わせるための酵素があり、更に全ての細胞には遺伝を司る核酸のＤＮＡやＲＮＡが入っています。

色素やビタミン、酵素には光合成で得られる炭素、水素、酸素以外の元素、窒素Ｎや硫黄Ｓが含まれています。ミネラルと言うのは一般に金属元素の事を言います。また核酸にはリンＰが不可欠です。そもそも光合成を行うクロロフィルにはマグネシウムMgと言う元素が含まれています。

このように、植物には光合成によって作られる炭水化物以外の物質が含まれているのです。つまり植物が健全に育つためには水と二酸化炭素以外の元素が必要なのです。

この様な元素を供給するのが肥料です。肥料は植物の体の一部になるだけでなく、植物の生命を維持するための化学反応を円滑に行うための潤滑剤になります。

灰

植物を燃やすと、炎を上げて燃えます。そして完全に燃え尽きると最後に白い灰が残ります。灰とは何でしょう？

❶炭水化物

植物はセルロースやデンプン、糖などの炭水化物からできていると考えがちです。炭水化物の分子式は先で見たとおりであり、炭素C、水素H、酸素Oだけからできた分子です。

例えば、炭水化物が燃えたとしましょう。燃えると言うのは酸化反応の一種であり、酸素と完全に反応することです。つまり、炭素なら二酸化炭素CO_2、水素Hなら水H_2Oになることです。

したがって、炭水化物が完全に燃えたとしたら、発生するのは二酸

●炭水化物が燃えた反応

$$C_m(H_2O)_n + mO_2 \rightarrow mCO_2 \rightarrow nH_2O$$

化炭素と水だけです。二酸化炭素は気体（ガス）ですから後には残りません。水も植物が燃える温度、つまり100℃以上では気体の水蒸気になって蒸発しますから、後には何も残りません。

❷燃えた後に残る物

つまり、炭水化物は燃えると何も無くなるのです。跡形も無くなるはずなのです。それでは植物が燃えた後に灰という固体（粉末）が残るのはなぜでしょう？

これは植物を作る成分は炭水化物だけではない、ということを示しているのです。炭水化物以外に植物の成分として考えられる物に何かあるでしょうか？　ビタミンはどうでしょう？　植物にはビタミンが含まれます。しかし、ほとんどのビタミンは炭水化物ではありませんが、炭素と水素だけでできています。燃えれば二酸化炭素と水になってしまい、後には何も残りません。燃えた後に何か残るためには、炭素、水素以外の元素が含まれていなければならないのです。

つまり、植物は炭素と水素だけからできているのではないのです。植物体を作るには、水と二酸化炭素だけでは不十分なのです。水と二酸化炭素だけからできた植物があったとしたら、それは燃えても灰も残さない幻のような植物ということになります。

ミネラル

炭素、水素以外に植物に含まれる元素とは何でしょう?　植物には一般にミネラルと言われる物が含まれます。

❶ 金属酸化物

ミネラルとは、炭素、水素、酸素以外の元素や無機化合物の事を言います。無機化合物を構成する元素はカルシウムCa、カリウムK、鉄Fe、マグネシウムMg、亜鉛Znなど、一般に金属元素と言われる物です。

カルシウムが燃えれば酸化カルシウムCaOになり、カリウムが燃えれば酸化カリウムK_2Oになり、鉄、マグネシウム、亜鉛が燃えればそれぞれ酸化鉄Fe_2O_3やFeO、酸化マグネシウムMgO、酸化亜鉛ZnOとなります。

これらの金属酸化物は固体ですから、燃えた後に固体として残ります。つまり、灰はいろいろのミネラル成分の燃えた物であり、各種の金属酸化物の混合物なのです。

❷金属酸化物の性質

金属酸化物を水に溶かしてみましょう。金属酸化物のそれぞれが相当する水酸化化合物、つまり水酸化カルシウム(消石灰)CaO、水酸化カリウムKOH、水酸化鉄$Fe(OH)_3$、水酸化マグネシウム$Mg(OH)_2$、水酸化亜鉛$Zn(OH)_2$となります。そして、一般に金属の酸化物は塩基性(アルカリ性)であり、当然、それを水に溶いた水溶液も塩基性です。特に水酸化カリウムは水酸化ナトリウム(苛性ソーダ)NaOHと並んで強力なアルカリです。したがって灰はもちろん、それを水に溶いた上澄み液(灰汁)も塩基性となります。

ちなみに、山菜などの植物は食べる前にアクヌキと言う操作を行います。これは灰を溶かした水(灰汁)に植物を一昼夜程度漬けておくことを言います。これは山菜などに含まれる

●金属酸化物と水の反応

水酸化カルシウム	$CaO + H_2O \rightarrow Ca(OH)_2$
水酸化カリウム	$K_2O + H_2O \rightarrow 2KOH$
水酸化鉄	$Fe_2O_3 + 3H_2O \rightarrow 2Fe(OH)_3$
水酸化マグネシウム	$MgO + H_2O \rightarrow Mg(OH)_2$
水酸化亜鉛	$ZnO + H_2O \rightarrow Zn(OH)_2$

有害物質をアルカリ性の灰汁で分解して無毒にする操作なのです。

例えばワラビは美味しい山菜ですが、必ずアクヌキをしてから食べます。これはプタキロサイドと呼ばれる有毒物質が含まれているからです。放牧された牛がワラビを食べると、血尿をして倒れると言います。ワラビをそのまま食べたら、人間にも同じことが起こるでしょう。しかし、人間の場合にはそれだけでは済みません。プタキロサイドには強力な発ガン作用があります。しかし、アクヌキをするとこのプタキロサイドは完全に分解除去されるのです。

●ワラビのアクヌキ

塩基性食品

食品を酸性食品と塩基性食品に分けることがあります。この分類に従えば、野菜、穀物などの植物性食品は全て塩基性食品となります。梅干しやレモンがいくら酸っぱくても、これらは塩基性食品なのです。つまり、酸性食品か塩基性食品かの区別は、食品そのものの性質や味で決めるのではなく、その食品を燃やした後に残る灰の性質で決めるのです。

それでは、酸性食品とは何でしょう？　それは魚や肉のことです。なぜならば肉はタンパク質からできており、タンパク質はアミノ酸と言う小さな分子からできていますが、全てのアミノ酸は窒素原子Nを含み、幾つかのアミノ酸は窒素原子とともに硫黄原子Sを含みます。

窒素が燃えるとN_2O_5などの窒素酸化物（NOx：ノックス）となり、硫黄が燃えるとSO_3などの硫黄酸化物（SOx：ソックス）となります。そしてN_2O_5が水に溶けると硝酸HNO_3となり、SO_3が溶けると硫酸H_2SO_4となります。硝酸と硫酸は代表的な強酸です。この様な理由のために肉や魚は酸性食品

●NOx（ノックス）と水の反応

$$2N_2+5O_2 \rightarrow 2N_2O_5 \qquad N_2O_5 + H_2O \rightarrow 2HNO_3$$

●SOx（ソックス）と水の反応

$$2S + 3O_2 \rightarrow 2SO_3 \qquad SO_3 + H_2O \rightarrow H_2SO_4$$

と言われるのです。

植物の三大肥料

植物体を作る元素は炭素C、水素H、酸素Oだけではありません。ということは、植物を育てるためにはCHO以外の元素を与えてやらなければならないということになります。自然界に生えている植物は、これらの必要な元素を地中から得ています。植物が地中から吸収しているのは水だけではないのです。多くの元素を水とともに吸収しているのです。

しかし、人為的に植物を育てる時には、ある元素は十分にあるが、ある元素は足りないということが起こります。その様な時に必要な元素を補充してやる物、それが肥料なのです。

植物には特に必要な元素があり、それを植物の三大栄養素と言います。それは窒素N、リンP、カリウムKです。窒素は植物の茎や葉、リンは花や果実、カリウムは根に特に大切と言われます。

SECTION 03

窒素・カリ肥料

植物には三大栄養素と言う物があります。それは窒素N、リンP、カリウムKです。中でも特に大切と言われるのが窒素です。窒素を多く含む肥料を窒素肥料、カリウムを多く含む肥料をカリ肥料と言います。

窒素とカリウムの働き

植物体に窒素が不足すると、植物体の下方に着く下葉に含まれるたんぱく質や葉緑素が、旺盛に生育している株の先端の方に優先的に送られます。そのため、葉は下の方から順に色が悪くなり、ついには黄色くなってしまいます。また、株の生育が衰えるため、葉が小さく薄くなる、分枝しにくくなる、草丈が伸びにくいといった、成長不全の症状が現れます。

逆に窒素が多すぎると葉の色は濃い緑色になり、一見元気そうに見えるようになりますが、茎や葉ばかりが茂って、その一方で花や実がつきにくいといった状態になります。また、植物体全体が肥満化して軟弱状態になるので、風で倒れたり、病害虫の被害も受けやすくなります。

カリウム肥料は根肥（ねごえ）と言われることがあります。植物の根の働きを活発にするからです。カリウムは細胞のイオン濃度を調節し、浸透圧を調節します。この作用によって葉で作られた炭水化物を根に送り、根の発育を促すほか、植物体を丈夫にし、病気や寒さなどに対する抵抗力を高めます。カリウムが不足すると、下葉の先端や縁から葉が黄色くなって葉が枯れ始め、果実の品質も低下します。逆にカリウムが過剰になっても特別の現象は現われません。しかし、微量成分であるマグネシウムが吸収されにくくなるという弊害が現われることが知られています。

空中窒素の固定

窒素分子N_2は気体（ガス）であり、空気の体積の4/5を占めます。つまり資源量としては無尽蔵と言って良いほどの量があります。それでは植物は使いたい放題の窒素を利用できるのかと言うと、決してそうではありません。多くの植物は気体の窒素分子そのものを利用することはできないのです。

空気中の窒素ガスをアンモニアNH_3などの他の分子に変換することを空中窒素の固定と言います。植物が窒素を肥料として利用するためには、この空中窒素の固定を行わなければなりません。

❶生物による固定

根粒バクテリアと言われる微生物は空中窒素を固定してアンモニアNH_3などの窒素含有分子にすることができます。そして、レンゲソウや大豆などのマメ科植物は根に根粒をもち、そこで根粒バクテリアと共存しています。これらの植物は根粒バクテリアの手を借りて空気中の窒素ガスを肥料として利用することができることになります。

マメ科の植物が肥料分の少ない荒れ地でも育つのも、休耕中の田畑にレンゲソウを育ててそのまま土中に梳きこむのも、根粒バクテリアが生産した窒素含有分子を肥料として利用しているのです。

❷ 空中放電による固定

自然界で空中窒素固定が行われるもう一つの機構は空中放電、つまり雷や稲妻(いなづま)によるものです。この放電によってもアンモニアが合成されると言います。日本で空中放電が稲妻と言われるのは、稲妻が多いと稲の成長が促されることから、空中放電を稲の面倒見の良い奥さんになぞらえて付けられた名前だと言われます。

空中窒素の固定量が年間どれくらいかの試算があります。

- 人為起源………1５６００万トン
- 海洋生物………1２1００万トン
- 陸上生物………1０７００万トン
- 空中放電…………５００万トン

この試算によれば生物によるものが総計２２８００万トン、空中放電が５００万トンです。人間が作った人為起源は1５６００万トンと、生物の70％に迫ろうとしています。これは膨大な量と言える量です。人為起源がどのようなものかは次項で見ることにします

ハーバー・ボッシュ法

空気中の窒素を化合物として固定することができれば、それを手掛かりにして植物にとって最高の肥料とも言うべき窒素肥料を人為的に作り出すことができます。何とか人為的に空中窒素を固定できないものか。それは植物の成長機構を解明して以来の人類の願いでした。20世紀初頭、その願いを実現した研究者が出ました。

❶アンモニアの合成

ドイツの二人の科学者フリッツ・ハーバーとカール・ボッシュです。二人は窒素ガスN_2と水素ガスH_2とを鉄触媒存在下、温度400～600℃、圧力200～1000気圧という高

●フリッツ・ハーバー

●カール・ボッシュ

温高圧の下で反応してアンモニアNH_3を生成する方法を開発したのです。1909年のことでした。窒素は空気中の窒素ガスそのものを用います。水素ガスは水を電気分解して利用します。アンモニアのこの合成法は二人の名前をとってハーバー・ボッシュ法と名付けられました。

❷窒素・カリ化学肥料の合成

アンモニアを酸化すれば硝酸HNO_3になります。硝酸とアンモニアを反応すれば硝酸アンモニウム（硝安（しょうあん））NH_4NO_3となります。硝安には一分子中に2個の窒素原子があります。つまり高効率の窒素肥料なのです。

一方、硝酸と水酸化カリウムKOHを反応すれば硝酸カリウムKNO_3となります。硝酸カリウムは一分子中に窒素NとカリウムKを持ちます。すなわち、窒素肥料とカリ肥料の両方として働くのです。

●硝酸アンモニウム

$$NH_3 + 2O_2 \rightarrow HNO_3 + H_2O$$
$$NH_3 + HNO_3 \rightarrow NH_4NO_3$$

●硝酸カリウム

$$KOH + HNO_3 \rightarrow KNO_3 + H_2O$$

SECTION 04

窒素・カリ肥料の光と影

ハーバー・ボッシュ法によって確立された空中窒素の固定と言う、人類史に残る偉業によって開発された硝安、硝酸カリウムと言う化学肥料でしたが、これらの肥料には発表当初から、肥料以上に価値があることは多くの関係者に知れ渡っていました。

ハーバー・ボッシュ法の恩恵

ハーバー・ボッシュ法のおかげで誕生した大量の窒素肥料（硝安）、窒素カリ肥料（硝酸カリウム）は魔法の粉として世界中の農業で利用されました。この粉を蒔けば、それまで焼畑農業で広大な面積の原野を焼き払って初めて農地となった土地が、いとも簡単に農地になりました。肥料分が無くて作物の育たなかった土地もこの粉を蒔けば途端に豊かな農園になりました。

現在、地球上には77億人の人間が生存しています。歪で不完全な政治のおかげでいろいろの問題は生じていますが、とにかく、これだけの人類がこの狭い地球上に飢えもしないで共存できるのが、一にも二にも化学肥料のおかげだということに反対する人はいないでしょう。化学者の端くれとして、遠慮気味に言っておきますが、地球上に77億の人類が生存できるのは化学肥料のおかげなのです。しかしまた、それだけの化学肥料と(爆薬)を合成するために合成されるアンモニアの量もバカになりません。

アンモニアを合成するためには水を電気分解しなければなりません。そのために必要とされる電力は現在、原子力発電所150基分に相当するということも、頭に入れて置く必要がありそうです。

爆薬になる肥料

しかし、物事は単純には行きません。窒素とカリウムの両方の肥料になる硝酸カリウムKNO_3は、昔は硝石(しょうせき)と言われました。硝石と言うのは、古代中国で発明され、江戸時代には火縄銃の発射薬となり、近世のヨーロッパでも銃や大砲の発射薬として使われ、現代でも花火の火薬として使われている「黒色火薬」の最重要原料です。黒色火薬は炭の粉（炭素C、黒色）、硫黄（S、黄色）、硝石の粉（白色）の混合物であり、黒い炭素粉のせいで全体が黒く見えるので黒色火薬と言われたのです。つまり、硝酸カリウムは化学肥料であると同時に、戦争で利用される爆薬の原料でもあったのです。

❶ 硝石

爆発と言うのは、化学的に考えれば急速に進行する燃焼反応です。燃焼は酸化反応であり、酸素が必要です。酸素は空気中にたくさん存在しますが、爆発のような急速な反応に間に合うように酸素を供給するには、空気中に漂っている酸素では間に合いません。

燃焼反応が急速に進行するためには、燃料（炭素、硫黄）の近くに、爆発が起こると同時に酸素を供給する物質が存在することが重要です。一分子内に3個の酸素原子を持つ硝石KNO_3はそのような酸素供給材として理想的なのです。つまり、「優れた窒素カリ肥料」である硝酸カリウムは「優れた火薬」でもあったのです。

❷ 硝安

硝安NH_4NO_3は優秀な窒素化学肥料ですが、同時に高威力の爆発物でもあります。硝安が開発された当初から、硝安が原因となった大爆発が続発しました。いくつかの事例を挙げれば次のようになります。

・1921年………ドイツ、オッパウ、硝安4500トンが爆発、死者500人以上。
・1947年………米国、テキサスシティー、船の積み荷の硝安2300トンが爆発、死者581人。
・1995年………米国、オクラホマシティー、爆破事件、死者167人。
・2015年………中国、天津、事故、詳細不明。
・2010年頃……硝酸カリウムを爆発剤に用いたエアバッグの故障が問題化。複数の死者が判明。

このように硝安は肥料として見ることができると同時に、爆薬として見ることも可能なのです。

硝酸の爆発作用

アンモニアNH_3から作られる硝酸HNO_3には酸としての特質と同時に爆薬としての特質もあると言わざるをえません。

❶アンホ爆薬

硝酸とアンモニアから作られた化学肥料の硝安には高い爆発性があったのです。この能力に注目してつくられた、硝安とある種の炭化水素の混合物は現在「アンホ爆薬」として一般に市販され、使われています。

かつて戦争に使われる爆薬はトリニトロトルエン、土木鉱業などの民生用に使われる爆薬はダイナマイト（ニトログリセリン）と棲み分けされていました。ところが現在では、ダイナマイトの使用量はかつての量の1/3に減り、2/3はアンホ爆薬が占めると言われます。

❷トリニトロトルエン

火薬、爆薬にはいろいろの種類がありますが、19世紀末から、爆薬の典型はトリニトロトルエンTNTとされています。他の爆薬の爆発力は、同じ程度の爆発を起こすのに必要とされるTNTの重量で表されます。

広島に投下された原子原爆の爆発力はTNTに換算すると15キロトン、つまり1万5000トン分でした。それから20年ほど後、ソビエト連邦（現在のロシア）がシベリア上空で実験した水素爆弾の爆発力は50メガトン、つまり5000万トンでした。

●トリニトロトルエン（TNT）

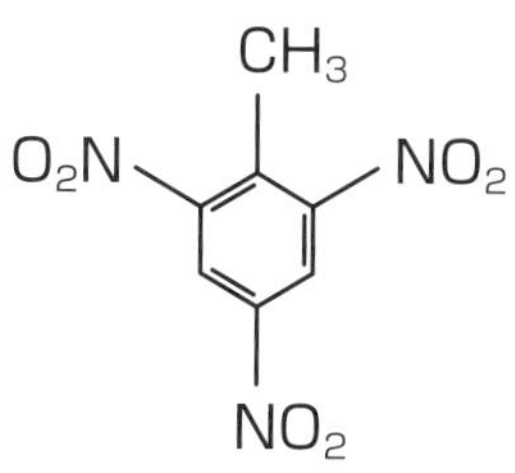

トリニトロトルエン

❸ ニトロ基

このトリニトロトルエンは、大げさに言えば、ハーバー・ボッシュ法で作られるのです。つまり、ハーバー・ボッシュ法で作られた硝酸をありふれた有機化合物であるトルエンに反応するとTNTが得られるのです。

ハーバー・ボッシュ法をいち早く量産体制に開発したドイツは、当時他国に先駆けて大量の爆薬を製造、貯蓄、使用することが出来ました。第一次世界大戦においてドイツ軍の使用した爆薬のほとんどはハーバー・ボッシュ法を経由してつくられた物だと言われたほどでした。

現在、世界中で内戦、外戦、テロなどと幾多の戦争に苦しみ、その戦争がいつ果てることなく続くのは、簡単に言えば互いに銃を撃ちあう火薬があるからです。火薬が無くなったら停戦せざるを得ません、それが、ハーバー・ボッシュ法が開発される以前の戦争の形態だったのです。

つまり、ハーバー・ボッシュ法は化学肥料に用いられたおかげで、77億の人類を養えるようになりましたが、爆薬に用いられたおかげで現在も何億の人類が戦火に苦しんでいるのです。

化学は怖しいです。天使の仮面と悪魔の仮面を平気で使い分けます。「私がどちらの仮面を使うかはあなた次第よ」そう言って化学は微笑んでいるのです。

SECTION 05

リン肥料

人類が農業を始めたのは紀元前3000年頃と言われていますが、その当初から不足し続けているのがリン肥料であると言われています。

リンの働き

肥料としてのリンPは主にリン酸エ$_3$PO$_4$の形で存在します。リンは遺伝情報の伝達やたんぱく質の合成などを担う核酸（DNA、RNA）の構成成分として非常に重要な元素です。リンが不足したら、新たな核酸を作ることができなくなります。ということは細胞分裂ができなくなることを意味し、植物だけでなく、全ての生物にとって重篤な事態となります。

リンは実肥（みごえ）と呼ばれることがあります。それは植物の開花と結実を促進するためです。また、植物全体の生育、枝分かれ、根の伸長などを促す働きもあります。

このため、リンが不足すると、下葉から緑色や赤紫色に変色し、株の生育が衰えてきます。開花や結実が不活発になるだけでなく、実の成熟も遅れて収穫量が減ったり、品質が低下したりします。

反対にリン酸が過剰な場合は、直接的な症状は現れにくいですが、土壌による障害を受けやすくなることが知られています。

リン肥料の入手

かつてリン肥料として世界中で大量に使われたのはグアノでした。グアノは、珊瑚礁の島に棲む海鳥の死骸・糞・エサの魚・卵の殻などが数千年から数万年と言う長い間堆積して化石化したものです。主な産地は南米(チリ、ペルー、エクアドル)やオセアニア諸国(ナウル等)でした。

❶リン鉱石の存在

グアノはリン鉱石が発見されるまでは最も主要なリン資源でした。しかし決して大量に存在する資源ではなく、かつての採掘地の多くはすでに掘り尽くされて枯渇しています。

グアノに代わってリン肥料の原料となったのがリン鉱石でした。これはリン、カルシウムCa、酸素O、フッ素F、塩素Clなどを成分とする鉱物です。

リン鉱石は世界中どこにでもある物ではなく、特定の国に偏って存在しています。日本にはありません。その意味ではレアメタルやレアアースとおなじような存在です。

2008年のリン鉱石産出国は次のとおりです。

①中国……………5070万トン（31・5％）

②米国……………3020万トン（18・8％）

●ナウルのグアノ採掘跡地

③モロッコ……2500万トン(15・5％)
④ロシア……1040万トン(6・5％)
⑤チュニジア……800万トン(5・0％)

つまり、この5カ国で世界の総産出量の80％近くを占めているのです。

❷リン鉱石の資源枯渇

ところが、リン鉱石の枯渇が心配されています。リン鉱石の80％が肥料用に使用されており、『英国硫黄誌』の試算によると、最悪のシナリオとして過去の消費実績を勘案して、今後も年3％の消費の伸びを見込むと消費量は2060年代には現在の約5倍になり、経済的に採掘可能なリン鉱石は枯渇してしまうと言います。現実的なシナリオでも2060年代に残存鉱石量は50％になるとされています。

日本はリン鉱石の全量を輸入に頼っており、その多くを中国に依存しています。石油、天然ガス、レアメタルなどと同じように、将来を見据えた対策を立てなければならない時期に差し掛かっていると言えるでしょう。

リン鉱石にはもう一つ問題があります。それは副産物としてフッ素ガスF_2が出ることです。かつてフッ素はフロンの原料として重要でした。ところがオゾンホールの問題でフロンの需要が無くなり、そのおかげでフッ素は産業廃棄物扱いになってしまいました。つまり、かつては重要な工業原料として資産であったフッ素が現在では産業廃棄物として負の資産になっているのです。どこかに有効な使い道は無いものかと業界は思案しているようです。

❸ アーバンマイン

レアメタルや貴金属で今注目されているのが「アーバンマイン」です。アーバンマインは「都市鉱山」と言う意味です。つまり貴金属の多くは指輪やネックレスなどの宝飾品として家庭に保管されており、レアメタルもパソコンやケータイの部品として家庭やオフィスに保管されています。つまり、家庭やオフィスはこれら金属類の高品質の鉱山に等しいと言うのです。必要になったらこの都市鉱山から掘り出す、つまりリサイクルすれば良いと言う考えです。

リンも同じに考えることが出来るのではないでしょうか？　肥料に使ったリンは消

えてなくなるわけではありません。植物に吸収されて植物体内に留まっています。これを回収して利用すれば良いのです。

具体的には、穀物や実を収穫した後の植物体を肥料として使用するのです。つまり堆肥です。化学肥料の何割かを堆肥に置き換えるのです。これは結果的には化学肥料の繰り返し使用、リサイクルと同じことです。

また、リンは動物や魚の骨にもたくさん含まれています。毎日の料理に使う魚の量は膨大です。しかし、その頭や骨の多くは産業廃棄物として焼却処分されています。リンは燃えてリン酸化合物となり、灰として埋め立てに使われればリン酸となって水に溶け、海中に拡散してしまいます。糞尿だって同じです。この中にはかなりの量のリンが含まれているはずです。

今後はこのような、現在は産業廃棄物として厄介物扱いされている「宝の山」の価値を再認識し、それを有効活用するのが大切になるのではないでしょうか。このような、究極の再利用が隅々にまで浸透していたのが江戸時代です。糞尿は下肥(しもごえ)として金銭をもって取引されていました。現代の私たちは宝物を海に棄てているのです。

SECTION 06

微量必須元素

人間の体はタンパク質をはじめとした有機物と、カルシウムを中心とした骨格でできています。人間が生きて行くためにはこれら有機物や骨格を作る炭素、酸素、水素、窒素、カルシウムなどは多量に必要です。

しかし、それらがあれば十分かと言われれば決してそうではありません。酸素運搬のためにはヘモグロビンが必要であり、そこでは鉄が中心的な役割をしています。細胞分裂を補佐する酵素には亜鉛が入っています。ということで、多量には必要無く、量としては微量で良いが、それが無いと健康な生活を送ることができないと言う元素があり、これを微量元素、あるいは微量必須元素と言います。

これと同じように、植物にも微量元素が必要です。微量元素とは、窒素、リン、カリウムの三大肥料のように大量には必要無いが、それが無いと植物の健康な成長が望めなくなると言う元素のことを言います。

必須元素の種類

植物が生育するために無くてはならない、絶対に必要な栄養素（必須元素）が17種類あります。これらの元素を、植物が必要とする量の違いによって、多量必須元素と微量必須元素に分けることができます

❶ 多量必須元素

植物の三大栄養素をはじめとして、植物体を作るためにそれなりの量が必要な元素です。それには炭素C、水素H、酸素O、窒素N、リンP、カリウムK、カルシウムCa、マグネシウムMgがあります。

❷ 微量必須元素

多量には必要無いが、必要な量は無くてはならないと言う元素です。それには鉄Fe、硫黄S、マンガンMn、ホウ素B、亜鉛Zn、銅Cu、モリブデンMo、塩素Cl、ニッケルNiがあります。

欠乏症状

植物に微量元素が欠乏すると特有の欠乏症が生じ、成長が滞ります。欠乏によって起こる主な症状をみてみましょう。

❶ 鉄

クロロフィル合成に必要であり、これが欠乏すると若い葉が強い白化（はっか）をおこします。

❷ 亜鉛

亜鉛酵素とよばれるさまざまな酵素の金属成分として含まれます。亜鉛が欠乏すると、葉の白化が現れるだけでなく、頂芽の発達が遅れ、植物体はロゼット状になります。

❸ マンガン

欠乏すると、マグネシウムの吸収力が衰えます。そのためクロロフィル量が低下して葉肉部分が退色し、葉に褐色の斑点が生じて、やがて落葉します。

❹ 銅

欠乏すると若い葉の先端がしおれて落葉します。

❺ ホウ素

細胞壁の構造と機能の維持にかかわっています。ホウ素が欠乏すると分裂組織が崩れ、根や葉の伸長が止まり、壊死します。

❻ モリブデン

欠乏すると新しい葉の成長や花芽の形成が抑えられ、葉の縁が内側に巻き込まれて白化がおこります。

❼ 塩素

欠乏すると、葉はしおれ、白化をおこして壊死します。

これらの微量成分をバランスよく配合したものが、植物活力剤と言われるものです。肥料とは違いますが、植物を健全に育てるためにはぜひ与えたい元素群です。

Chapter.2
農薬

SECTION 07

農薬の種類

農業のために用いる化学薬品を一般に農薬と言います。

自然環境の中で行う農業は、いろいろの環境変化や目に見える、あるいは目に見えない外敵の攻撃にさらされます。収穫を迎えた農作物を一夜にして食い尽くすバッタなどの害虫は典型的です。しかし、植えて間もない幼苗を病気にして枯らす病原菌は、もっと悲惨かもしれません。

他にも、作物のために与えた貴重な肥料を横取りする雑草、収穫した大切な穀物を食い荒らすネズミなど、農業にとっての外敵はたくさんあります。

人類は、このような外敵と戦うために多くの種類の化学薬品を開発しました。この様な物をまとめて「農薬」と言います。

農薬の種類

昔は神や仏に祈るとか、伝統の迷信行事に頼る以外、避けようの無かった農害ですが、長い歴史を通じて蓄えられた人類の知恵と研究の賜物によって、現在ではそれぞれの障害や用途に応じて、効果の高いビニールハウスなどの設備、暖房器具、薬剤、農薬が開発されています。このうち、薬剤、農薬関係には次のような種類があります。

❶殺虫剤

アリマキ（アブラムシ）はもちろん、大型のバッタ、あるいはナメクジ、更には地中に潜むネキリムシなど、あらゆる害虫を殺す薬剤です。殺虫剤の中には、どのような害虫にも対応するものもありますが、特定の害虫に特化したもののほうが効果は大きいようです。

❷殺菌剤

植物も病気になります。稲作農家にとっての天敵はイモチ病でしょうし、バラ愛好家にとっての目の上の敵は黒星病ではないでしょうか？　イモチ病は細菌による病気であり、黒星病はウイルスによる病気です。この様なウイルスや細菌によって起こる病気を予防するのが殺菌剤です。

❸ 土壌殺菌剤

バイキンは植物についている物だけではありません。土の中にも潜んでいます。それが根を通じて植物体内に入り、時に深刻な病気を蔓延します。土壌殺菌剤は、この様なバイキンを退治して、清潔な土壌にする薬剤です。

❹ 除草剤

抜いても抜いても、次から次と出てくるのが雑草です。園芸作物もこれくらい元気だったらどんなに嬉しいかと思いながら抜き続けます。しかし、除草剤を蒔けばこのような苦労もなくなります。

❺ ポストハーベスト農薬

苦労して作物を育て、ようやく果実を収穫しても、苦労は終わりません。果実や穀物を腐敗させるバイキン、あるいはそれらを食べる害虫がいます。その様な物を退治するのがポストハーベスト農薬(収穫後農薬)です。

❻ 殺鼠剤

一般家庭では見かけることが少なくなりましたが、農業現場では相変わらず現役で活躍しているのがネズミです。顔立ちは可愛いですが、性質は凶暴暴食、その上多産性です。ネズミ算式に増えます。可愛そうですが、退治する以外ありません。動物保護団体も大目に見てくれることでしょう。モグラも同じような害獣です。

SECTION 08

農薬の歴史

人類は大昔から、害虫や害獣に悩まされ続けてきました。そして、経験によって作物を害虫、害獣から護る方法を開発し、伝え続けてきました。

昔の農薬

ネズミに対しては、紀元前の世代からある種の海藻を利用した駆除が行われてきました。また害虫に対しては硫黄を使用した駆除が行われました。

ローマ時代になると麦の種を撒く前にワインに浸したり、植物を燃やした灰や硫黄を畑にまくことなどが行われた記録があります。ワインに含まれるアルコール(エタノール)の殺菌作用、灰のアルカリ性に基づく殺菌作用などを考えると、それなりの化学的裏付けがある方策であり、勘と経験の積み重ねとはいうものの、それなりの大きな効果を生んだであろうことは予想され、大したものと感心させられます。

❶ 中世の農薬

ヨーロッパの暗黒時代と言われる中世では、害虫や害獣を宗教裁判にかけて断罪した記録が残っています。それだけなら未だ良いのでしょうが、生け贄や魔女裁判の中には害虫害獣の退散の目的で行われたものもあったといいます。もし本当なら、ひどい話です。このような状態は18世紀頃まで続いたと言います。

❷ 日本の農薬

この頃日本では、タバコの煮汁や硫黄を燃やした煙などの効果に触れた書物が表されています。

また、田んぼに鯨油などの油をまくと、水面に広がって油膜を作ります。そこに虫が落ちると油に搦まれて飛び上がることが出来なくなり、死んでしまいます。このことが各地で知られるようになり、日本で初めて真に有効な害虫防除が出来るようになったと言います。しかし、当時高価な鯨油を田んぼにまくという方法がどれだけ現実的だったのかという疑問は残ります。しかし、現在でも油を果樹などにかけて虫を殺すことは行われています。

江戸時代には多くの薬品が使われた記録がありますが、結局、注油法以外に有効な方法は見いだされなかったようです。また、注油法もあくまで一部地域で断片的に行われたものであり、全国的に見ると相変わらず祈祷などによる神仏頼みの迷信が支配していたようです。

近代の農薬

時代が下って17世紀になると、多少は科学的な方法が試されるようになりました。つまりこの頃には新大陸から由来したタバコの粉、19世紀初頭には除虫菊やデリスと言う植物の根を利用した殺虫剤などが用いられるようになりました。

しかし、19世紀中ごろにはジャガイモ疫病がヨーロッパ全土に広がりました。イギリスの北にあるアイルランドはジャガイモを主食としていたため、人口800万人の内100万人以上の餓死者を出したと言います。この時にアイルランドを見限って新大陸（アメリカ）に移住した人が100万人に達しました。これが、アメリカ発展の基礎にもなったと言います。

近代農薬の登場

19世紀に入ると、それまで神に祈る事しかすべきことの無かった病害虫に対抗する手段が現われました。

1800年代に入るとコーカサス地方で除虫菊の粉末が殺虫剤として使用され、1824年にはモモのウドンコ病に対して硫黄と石灰の混合物が有効であることが発見されました。

18世紀後半には木材の防腐剤として用い

●除虫菊

られていた硫酸銅$CuSO_4$が種子の殺菌に有効なことが発見され、硫酸銅と石灰（消石灰、$Ca(OH)_2$）の混合物の水溶液であるボルドー液が発明されました。これは今日に至っても利用されています。

化学合成農薬の登場

20世紀前半までは、農薬はタバコや除虫菊などの天然物や、ボルドー液などの無機物が中心でした。しかし、第二次世界大戦後になると化学合成農薬が発明され、利用されるようになり、事態は画期的に変化しました。

このきっかけになったのがDDTでした。DDTは当時、既に発明、合成されていたのですが、染料としての研究しか行われていませんでした。しかし1938年、ヘルマン・ミュラーはDDTに殺虫活性があることを発見したのです。この発見は第二次世界大戦によって、各地で大量に戦死した兵士の遺骸に群がるウジムシの駆除に画期的な効果を上げました。

DDTは、人間が合成した最初の殺虫剤として注目され、ミュラーはこの功績により1948年にノーベル生理学・医学賞を受賞しました。

DDTは塩素Clを含む有機化合物で一般に有機塩素化合物と言われる物でした。DDTの発見に刺激されて有機塩素化合物の研究が進み、1941年頃にはフランスでBHCが発明されました。

化学合成農薬の有害性

DDTやBHCなどは塩素Clを含む有機物なので、一般に有機塩素化合物と言われます。DDTやBHCは優れた殺虫剤として、農業はもちろん、家庭での殺虫剤、更には当時蔓延していたノミ、シラミなど人体に寄生する害虫にも効果があるものとして、大量に散布、使用されました。

私が小学生の頃には、全女子生徒と髪を伸ばしていた（坊主刈り以外）の男子生徒が体育館の一角に集められ、頭にDDT

●DDT、BHC

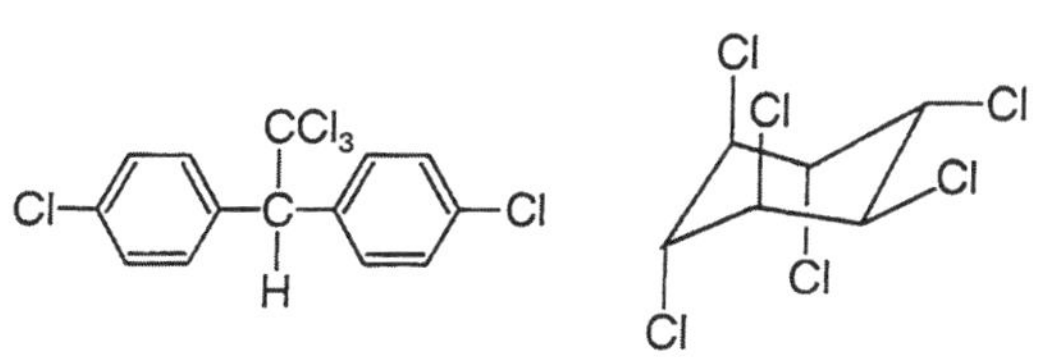

DDT　　BHC

の白い粉を吹きつけられていたものでした。しかしやがてこれら有機塩素化合物は人体にも有害であることがわかり、製造、使用が控えられるようになりました。ところが、有機塩素化合物は安定で丈夫な化合物であり、製造使用が禁止された後も長く環境に残存し続け、環境破壊として大きな問題になりました。

それ以降、殺虫剤だけでなく、全ての農薬は有効性だけでなく、少なくとも人間に対する無害性が要求されることになり、農薬の開発は大きなハードルを課されることになりました。

SECTION 09

殺虫剤

農作物に与える害虫の被害は甚大な物があります。ベランダ園芸のアリマキなど可愛いもので、半世紀前の日本の田んぼでは、稲穂を叩くと一斉にイナゴの群れが飛び立ったものでした。しかしこれだって可愛いものです。

昔のニュース映画に収められている、大陸特有の突然変化して大型になったバッタの雲のような大群。こんな想像を超えるようなものに襲われたら、折角実った穀物は跡形も無く食い荒らされ、人間は飢饉を覚悟しなければなりませんでした。現在、その様な恐れが無くなったのは殺虫剤のおかげです。

リン系殺虫剤

1938年のミュラーによるDDTの殺虫効果の発見によって、殺虫剤の効果は一般に知れ渡るようになりました。しかし当時のＤＤＴ、ＢＨＣはどれも有機化合物に塩素Clが結合した有機塩素化合物と言われるものでした。やがて有機塩素化合物の毒性が明らかになり、有機塩素化合物の殺虫剤は忌避されるようになりました。

その後、研究が進んで開発されたのが、リンＰを含んだ有機リン化合物の殺虫剤でした。１９４４年頃ドイツでパラチオンが、アメリカでディルドリンがそれぞれ発明されましたが、いずれも高い殺虫効果があり、またたく間に先進国を中心に世界へ広がっていきました。

この様なリン系の殺虫剤は、第二次世界大戦に使われた毒ガスの研究から派生したものと言われています。有機リン化合物は昆虫や動物の神経系統に害を与えると言われます。

その様な物を研究するうち、害の強い物を更に強めたの

●サリン、VX

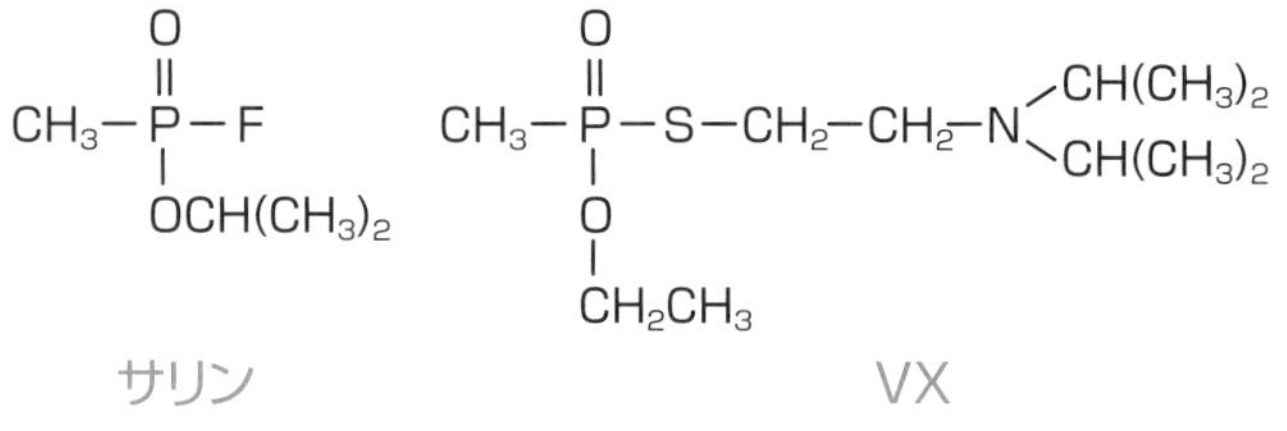

がサリン、ソマン、ＶＸ等の化学兵器と言われる毒ガスに進化したのでしょう。そして、害の弱そうなものを更に弱めた物がパラチオン、スミチオン、マラソン、オルトラン等の名前で市販されている殺虫剤に進化したものと思われます。

しかし、根は一緒です。殺虫剤の危険性は言うまでもありません。過失、自殺、あるいは犯罪によって多くの命が犠牲になったことは言うまでもないでしょう。

先年、中国製餃子に混入していて問題になったメタミドフォス等の有機リン系殺虫剤は、日本で殺虫剤として使うには毒性が強すぎたのです。そこで日本では、これらにもう一段階の化学反応を施し、殺虫効果は落ちますが、人畜に対する毒性を弱めた物が市販されています。

●パラチオン、スミチオン

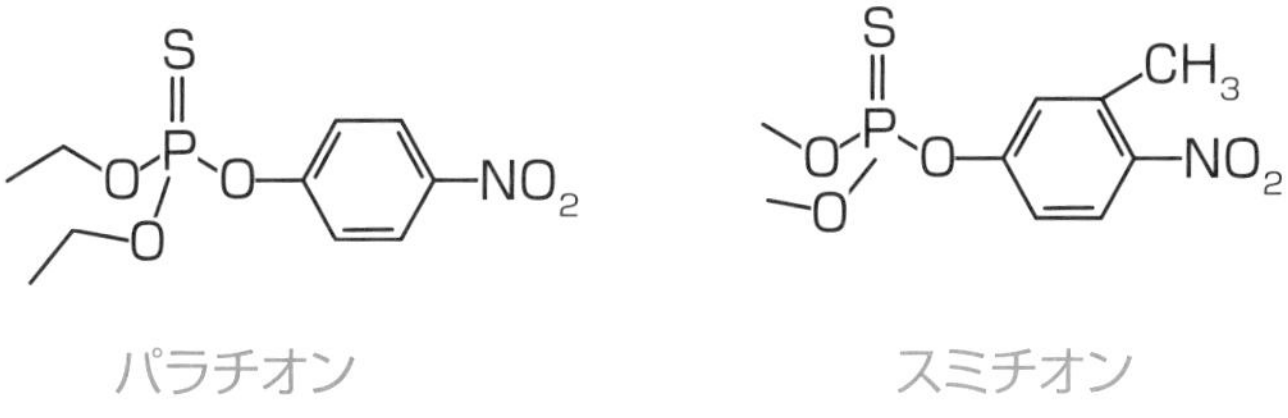

パラチオン　　スミチオン

ネオニコチノイド殺虫

現在注目されている殺虫剤は、ネオニコチノイド系と言われるものです。「ネオ」は「新」、「ニコチノイド」は「ニコチン系」の意味であり、その名前の通り、タバコの害毒成分であるニコチンの分子構造を取り入れた分子です。

効果は虫の神経を麻痺させ、摂食や産卵を防止するというものです。特徴として、次のものなどが上げられます。

①**速効性で、効果が持続する**
②**人畜に対する毒性が低い**

主な市販殺虫剤として、イミダクロプリド(アドマイヤー)、アセタミプリドなどがあり、アリ

●ニコチン、イミダクロプリド、アセタミプリド

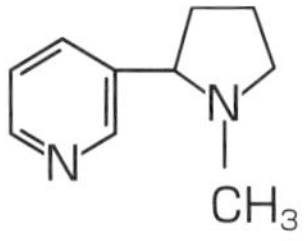

ニコチン

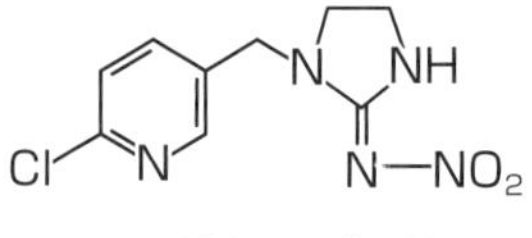

イミダクロプリド

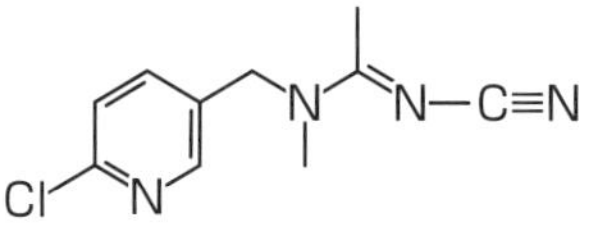

アセタミプリド

マキ、スリップス、コナジラミ等に効果が高いと言われます。

しかし、懸念される問題もあります。それは、最近世界的にミツバチの個体数が減少しているということです。そしてそれはミツバチの帰巣本能が狂ったからであり、その原因がニコチノイド殺虫剤であると言う説が浮上しているのです。

本当にミツバチの個体数は減少しているのか？　もしそうなら、その原因は本当にネオニコチノイド殺虫剤にあるのかなど現在、研究と検証が続けられています。早晩、結論が出ることでしょう。

SECTION 10

殺菌剤

人間や動物と同じように、植物も病気になります。ベランダ園芸でキュウリを育てた事のある人の多くが経験する、キュウリの葉っぱが白くなってカサカサになるウドンコ病、バラの葉っぱに黒い点が現われ、やがて葉が黄と黒に染め分けられたようになって落葉する黒星病、稲作農家が恐れるイモチ病、等々。植物の病気の種類は人間の病気に負けないほど多くの種類があります。

植物の病気の原因

空気中や土の中には常に多くの病原菌が存在しています。人間も怪我をすればイロイロの化膿菌が侵入して傷口を化膿させ、最悪の場合には破傷風菌が侵入して取り返しのつかないことになります。

植物の病気も同じです。植物の生育環境に存在する各種のウイルスなどの病原体が原因となって発生するのです。もちろん、近くに病気に罹った植物があればそれから伝染しますし、環境や風通しが悪くて湿っていたり、水がたまり水で腐敗したりしていたら、それが原因になって病気が発生します。

植物も人間と同じように、常に清潔で快適な環境の下で育てなければならないのです。しかし、そのような事ばかりを言っているわけにもいかず、植物は病気になり、やがてそれが全作物に伝播して、悪くすると全滅と言う悲惨な結果になります。

害虫と異なり、植物に病気を起こす病原体は細菌やウイルスですから病原体を肉眼で見ることは不可能です。ですから葉や茎にあらわれた被害症状を見て病名や病原体を判断する以外ありません。また、一見すると病気のように見える症状でも病原体以外の要因（環境や気象、生理障害など）によって起きている場合もあります。

病原体の種類

植物に病気を起こす病原体には、いくつかの種類があります。

❶カビ（糸状菌）

植物の病気、特に家庭園芸で問題になる病気の大多数はカビによって引き起こされます。カビは土壌や空気中に胞子を拡散して広がり、植物体を通して増殖します。被害症状は葉が枯れる、葉に斑点や斑紋が現われる、葉が肥大する、茎にこぶが現われる、あるいは萎縮して変形する、中には腐敗するなど、カビの種類によって様々です。病名も灰色カビ病、ウドンコ病、黒星（くろほし）病、立枯（たちがれ）病など多様です。カビによる病気は発生頻度が高いですから、病原体の判断がつきにくい場合は、カビが原因と考えて初期対応すると良いでしょう。

❷バクテリア（細菌）

細菌によって起こる病気の症状は、斑点、こぶ、立枯れ、腐敗などがあり、初期のうちは、カビの病気と簡単に区別できないこともあります。正確な診断は専門家による必要があります。バクテリアによる病気には軟腐病、根頭がんしゅ病、斑点細菌病、青枯病などの病気があります。

❸ウイルス

ウイルスは細菌と違って生物ではありません。しかし、核酸（DNA）を持ち増殖します。細菌との違いは、ウイルスには細胞膜が無く、細胞構造を持っていないということです。また自力で栄養分を接種することができず、宿主の栄養分を奪うことによってしか増殖することができないということもあります。

ウイルスが原因の病気は一般にウイルス病、モザイク病などと呼ばれています。被害症状は、濃淡のモザイク状の葉色、斑点、さらに株全体が萎縮したりします。

殺菌剤の種類

病原体を退治する殺菌剤は、いろいろの物が開発されています。それらを作用性から見ると、2つのタイプに分けることができます。しかし、期待できる効果は予防効果であり、既に罹患してしまった植物体、あるいは罹患部分を治癒する効果は期待しない方が賢明のようです。

❶予防殺菌剤

市販名がダコニール、オーソサイドなど多くの殺菌剤があります。散布された薬剤が植物体を覆うことによって、植物体の表面に付着している、あるいは飛んできた病原体を退治する薬剤です。したがって予防効果に優れています。

しかし植物体内に入ってしまった病原体、つまり病気に罹ってしまった植物体を治癒する効果はありません。

❷治療殺菌剤

市販名がベンレート、トップジン、サプロールなどの殺菌剤が該当します。薬の成分が植物体の中に浸透し、既に侵入した病原体を退治するという浸達性の薬剤です。しかし、病気の症状が出てしまった部分を元通りに戻すという薬剤ではありません。

一種類の殺菌剤を使い続けると、菌に耐性ができ、殺菌剤が効かなくなります。そのため、少なくとも二種類の殺菌剤を用意し、時折交換して使うようにすると良いと言われます。

❸ 土壌殺菌剤

植物に付着した、あるいは侵入した菌でなく、土の中に居る菌を退治するのが土壌殺菌剤です。よく知られたものにクロルピクリン剤Cl_3C-NO_2があります。これは液体であり、特別の機械を使って土壌に注入します。すると薬剤がガス状になって地中に拡散して病原菌に接触し、殺してしまいます。キュウリの蔓割病、ナスやトマトの青枯病、白菜やキャベツの軟腐病などに効果があります。

土壌殺菌剤にはこのほか臭化メチル薫蒸剤CH_3Br、PCNB剤などあります。土壌殺菌剤は簡単な分子構造の物が多いですが、いずれも人畜に有毒なので使う際には十分に注意することが大切です。

特にクロルピクリンは毒性が強く、多くの事故例あるいは自殺例、中には殺人事件などが報告されています。

●PCNB(ペンタクロロニトロベンゼン)

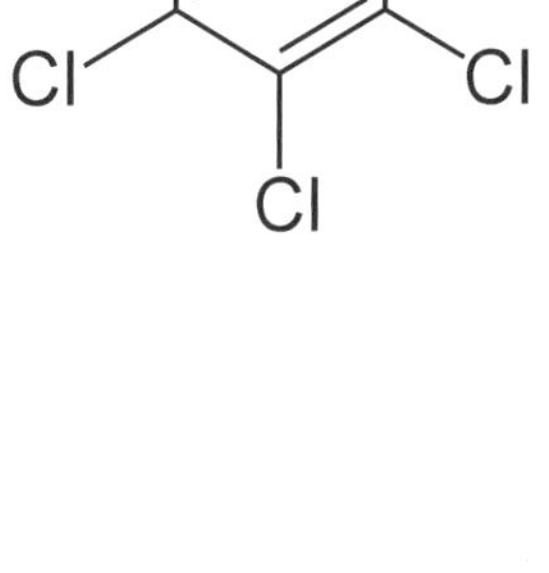

❹ 耐性菌

病気の防除に同じ殺菌剤を使い続けると薬剤の効果が低下する場合があります。これは菌が殺菌剤に対して耐性を持った耐性菌に突然変異したからです。

細胞の突然変異は、どのような生物にでも起こることですが、病原体のような微小生物の細胞では頻繁に起きます。たまたま起きた突然変異によって日頃散布している殺菌剤に効かない菌がごくわずか現れます。そこに引き続き同じ殺菌剤を散布するとその耐性菌はそのまま生き残ります。

そして、再び同じ殺菌剤をかけ続けると、耐性菌だけが徐々に増加していき、最終的にその殺菌剤では効かない菌(耐性菌)だけになってしまいます。つまり、耐性がついて薬が効かないという状態になるのです。

この様な状態を避けるには、同じ薬剤を使い続けるのではなく、作用の異なる他の薬剤を使うことが大切です。できたら何種類かの薬剤を用意して、サイクルで使うと効果的でしょう。

SECTION 11

除草剤

作物に混じって生える雑草は、作物を日陰にしたり、作物の栄養を奪うなどして作物の成長を妨げます。また街中の空き地に生えた雑草は都市の景観を台無しにするだけでなく、害虫の住処かになり、更には病原菌の温床になります。

この様な作物を枯らしてしまおうと言う意図のもとに開発された化学薬品が除草剤です。理想的な除草剤は、雑草は枯らすが、大切な作物には一切の害を与えないというものです。しかし、薬剤に雑草と野菜を区別するのは困難です。多くの除草剤は、雑草、野菜の見境なく、全ての植物を枯らしてしまいます。

歴史

除草剤の歴史は古くはありません。除草剤の科学的研究が始まったのは第二次世界大戦直後のことでした。

❶ 2,4-D

広く使われた最初の除草剤は2,4-ジクロロフェノキシ酢酸(2,4-D)です。これは分子構造が単純なため製造が簡単で、しかも枯らすのは広葉(双子葉)植物だけで、イネ科植物には影響を与えないという優れものでした。そのため、開発から半世紀以上も経った現在でも用いられています。しかし、2,4-Dの選択性は高くなく、除草の対象でない植物、つまり野菜などの作物にも害を与えます。また一部の広葉雑草やつる植物、スゲ類などには効果が低いことも知られています。

❷ 枯葉作戦

かつて、アメリカはベトナムで一般にベトナム戦争と

●ダイオキシン、2,4-D

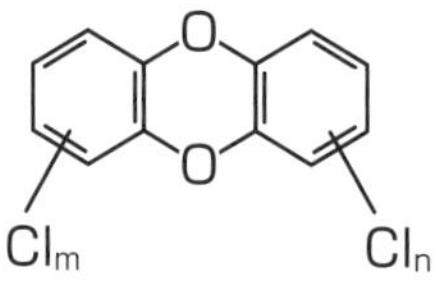

$1 \leqq m+n \leqq 8$

ダイオキシン

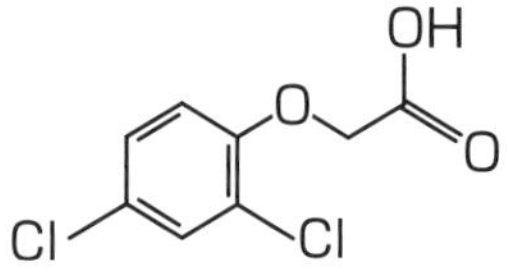

2,4-D

言われる戦争を行っていました。この戦争でベトナム軍はジャングルを舞台にしてゲリラ戦を行いました。小規模の攻撃を執拗に繰り返し、米軍が対応しようとするとジャングルの茂みや、そこに掘った地下道に逃げ込むベトナム軍のゲリラ戦は米軍を大いに困らせました。その対抗策として米軍が行ったのが枯葉作戦でした。

これは、ジャングルを除草剤によって丸裸にしようという作戦です。2,4-Dをはじめとして各種の除草薬、成長抑制剤、落葉剤が飛行機やヘリコプターで広い範囲に散布されました。枯葉作戦は1961年11月に開始され、1971年に終結しました。その面積はベトナム全森林の30％、2万4000㎢に達したと言います。

この大規模で無謀な攻撃が与えた影響は、ジャングルの植物に対してだけではありませんでした。1981年ベトナム政府は枯葉作戦実施地域を中心にして、人体に数々の被害や後遺症を残していることを明らかにしました。それは死産、重度の障害児出産、年少者の癌など、普通の状態では見られない異常な現象でした。

この原因とされたのが、2,4-Dに不純物として含まれたダイオキシンでした。以来、ダイオキシンの毒性が注目され、環境汚染物質の筆頭にまつり上げられることになりました。

ダイオキシンは、自然界にはほとんど存在せず、塩化ビニルのような塩化物と木や紙などの有機物を250〜400℃の低温で燃焼すると発生するということがわかりました。そのため、日本中のごみ焼却施設が高温燃焼型800℃に作り替えられたのでした。

❸パラコート

1955年頃に登場した除草剤パラコートは、葉だけを枯らして木や根は枯らさない、即効性は強いが持続性はない、散布後はすぐに土壌に固着して不活性化するため、すぐに作物を植えることが出来る、更には安価で経済的という点から、広く用いられました。

しかし、毒性が非常に強く、1985年だけで、日本でパラコート中毒で亡くなった人は1021人に達します。うち、自殺が985人、誤って飲んだものが14人、11人は明らかに殺人による

●パラコート

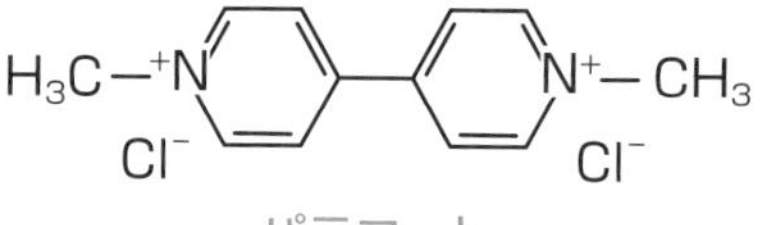

パラコート

ものとされています。

特に自動販売機の飲料水の瓶や缶にパラコートを混ぜ、その瓶や缶を自動販売機の商品出口に置いておくと言う悪質な犯罪が続きました。この飲料水を誤って飲んだ人が亡くなるという殺人事件は、何件も続き、パラコート連続殺人事件として社会を騒然とさせました。この事件の被害者は明らかになっただけでも12人に上ります。しかし犯人は一人も捕まっていません。

❹アトラジン

アトラジンは1970年代に開発された除草剤、世界で最も大量に使用された除草剤と言われています。アトラジンは分解されにくく、地面に散布されたアトラジンが分解されるには数週間かかり、その間に降雨によって地中深く浸透すると考えられます。そのため、ヨーロッパでは土壌汚染の原因ではないかと疑われています。現在EU諸国では使用が禁止されています。

●アトラジン

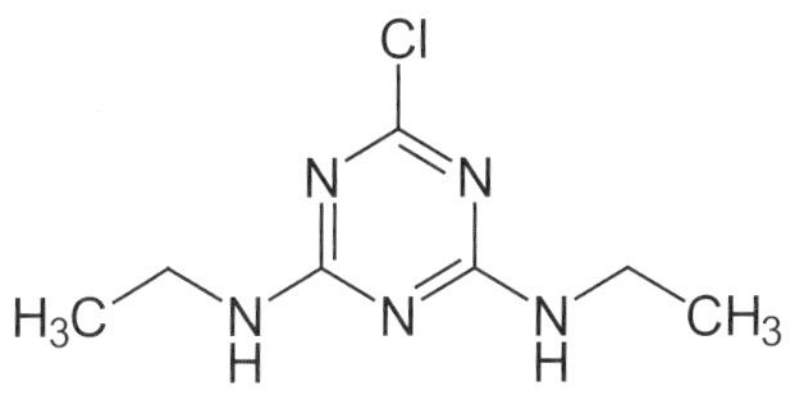

アトラジン

❺ラウンドアップ

1980年代半ばには、グリホサート(商品名:ラウンドアップ)が開発されました。これは非選択的除草剤で、接触したすべての植物を枯らしてしまいます。

そこで作物の遺伝子を操作(遺伝子操作)することによって、これに耐性を有する作物を開発し、この耐性作物種子と除草剤をセットにして販売するという販売戦略が全世界的に展開されています。

遺伝子操作によってラウンドアップに耐性を獲得した作物はラウンドアップレディーと呼ばれ、日本ではダイズ、トウモロコシ、ナタネ、ワタ、テンサイ、アルファルファ、ジャガイモが認可されています。しかし世界ではベントグラス、アブラナ、コムギなどの耐性品種も開発されています。

このような事もあって、現在、ラウンドアップは世界

●ラウンドアップ

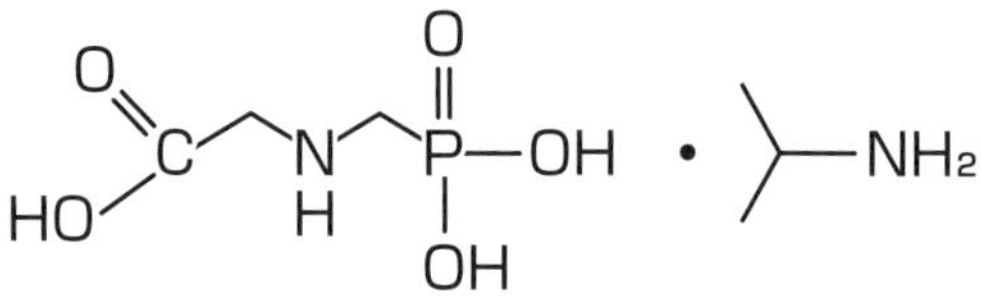

ラウンドアップ

的に除草剤の主要品目となっています。しかし、2015年には国際がん研究機関がラウンドアップを、発癌性のリスクが2番目に高いグループ2A(ヒトに対しておそらく発癌性がある)に指定したと言う経緯もあります。

除草剤の種類

除草剤にはいろいろの種類があります。

❶ 選択性による違い

・殺草選択性がある……特定の種類の植物にだけ効いて、他の種類には効果が無いものです。

・殺草選択性が無い……植物の種類に関係なく、全ての植物に効くものです。多くの除草剤はこの種類になります。

❷作用機序による違い

・接触型除草剤……除草剤に接触した部分の植物組織だけに害を与えます。最も速く作用する除草剤ですが、竹などのように根茎から生長する多年生植物には効力が低いとされます。

・吸収移行型……植物体全体に浸透して効きます。接触型除草剤より広い面積の植物を除去することができます。

・土壌処理除草剤……土壌に散布すると根から吸収されて作用し、雑草の発芽成長を妨げます。

SECTION 12

その他の農薬

ここまでに紹介したもの以外の農業関係の薬剤について見てみましょう。

ポストハーベスト農薬

ポストハーベスト農薬とは、収穫後の農産物に使用する殺菌剤、防カビ剤などのことを言います。つまり収穫した農産物が、保存、輸送される間に虫に食われたり、カビが生えたり、細菌に侵されるなどして品質が劣化するのを防ぐ薬剤です。

日本では、収穫後の作物にポストハーベスト農薬を使用することは禁止されています。しかし、多くの外国から輸入される果物や穀物のなかには、収穫後に各種の薬剤が散布されているものがあります。

日本では、たしかにポストハーベスト農薬は禁止されていますが、それは農薬として用いるからであり、食品添加物として用いれば、承認されることもあります。つまり、農薬と食品添加物の領域が明確でないのです。

放射線

ジャガイモを放置すると芽が出てきます。この芽にはソラニンと言う有毒物質が含まれています。ソラニンは小さい小芋や皮の青いジャガイモにも含まれ、時折、学校園芸で作ったジャガイモを食べた児童が中毒を起こして事件になることがあります。

これを防ぐのが放射線です。ジャガイモにコバルト60という、原子炉で作った特別のコバルトが出す放射線（γ（ガンマ）線、正確にはコバルト60がβ線を放出してニッケル60にな

●ジャガイモの芽

り、そのニッケル60が出すγ線)を照射すると、芽が出なくなります。

しかし、このような放射線照射が許されているのは北海道の限られた一部地方のジャガイモであり、その量は日本全体の流通量の0・3%に過ぎないと言います。

殺鼠剤

ネズミは倉庫に棲んで保管してある穀物などの農産物を食い荒らすだけではありません。農場で成長中の作物をも食べ、根を荒らして害を及ぼします。そのうえ、食べた跡からは病原菌が侵入して病気が発生する可能性もあります。

江戸時代には「石見銀山ネズミ取り」といって島根県の石見銀山近郊で採れたヒ素(亜ヒ酸、三酸化二ヒ素As_2O_3)を用いましたが、現在は効果の高い有機系殺鼠剤が各種開発されています。

殺鼠剤の種類は、累積毒剤と急性毒剤に大別されます。

❶ 累積毒剤

数回に分けて継続的に摂取させる必要があります。しかし誤食に対する安全性が高いため、一般的に利用されています。血液凝固阻害薬のワルファリンなどがあります。

❷ 急性毒剤

毒性が強いので危険であり、扱いが難しいです。黄燐、硫酸タリウム、ジフェチアロンなどがあります

スーパーラット

細菌が殺菌剤に対して耐性を獲得したのと同じように、ネズミも黙って退治されているわけではありません。殺鼠剤に対して耐性を獲得したネズミがいます。

クマネズミおよびドブネズミの中にはワルファリンへの抵抗性を有した個体が存在し、スーパーラットと呼ばれています。これは1980年代に出現が報告されましたが、2000年代には東京のクマネズミの80%は抵抗性を有しているとする研究があ

ります。

スーパーラットは肝臓の殺鼠剤分解能力が高く、体内で殺鼠剤の毒性が高まる前に排泄されていることが明らかとなりました。薬剤の濃度が高いと危険を察して摂食をせず、濃度が低いと一過性の中毒症状だけで死亡することなく回復してしまいます。結局、弱い個体だけが死亡し、生き残った個体の耐性が徐々に高まっていったものと考えられます。最近では、ワルファリン以外の薬剤に対する抵抗性を持ったスーパーラットの出現も報告されています。

SECTION 13

沈黙の春

この地球上に77億の人口が存在できるのは化学肥料と農薬のせいであることは否定できない事実です。しかしまた、化学肥料の製造と農薬の使用によって各種の公害や環境汚染、環境破壊が進行し、多くの人が被害を受け、苦しんでいるのも事実です。1950~1970年代に日本で続けて起こった公害問題は、このような問題の口火を切ったものでした。

公害

1950年代、熊本県水俣湾の沿岸部でおかしな現象が見つかりました。ネコが酔っぱらったような千鳥足で歩き、湾内で背骨の曲がった魚が頻繁にみられるようになったのです。そのうち人間でも運動機能に障害のある人が増えました。これは水俣病と名付けられました。原因は有機水銀であることがわかりました。沿岸にある化学肥料製造会社が触媒に使った水銀の混じった排水を水俣湾に廃棄していたのです。それがプランクトンや魚類によって生物濃縮され、高濃度になって人の口に入ったのでした。

富山県の神通川流域では大正年間から不思議な病気がありました。農家の中年女性の体の骨が折れやすくなり、咳をしただけでも肋骨が折れたといい、これは「イタイイタイ病」と呼ばれました。原因は病気ではなく、神通川上流にある亜鉛鉱山が不要のカドミウムを神通川に廃棄していたのです。これが流れ下って下流域に来ると汚染された川水が農地に浸出し、それを吸収した作物にカドミウムが蓄積されたのでした。

沈黙の春

1962年にレイチェル・カーソンが小説『沈黙の春』を発表すると、人々の関心は環境問題に集中しました。日本でも水俣病などの公害が社会問題となるなか、1974年には有吉佐和子の小説『複合汚染』が発表され、農薬と化学肥料の危険性が訴えられました。そのおかげでダイオキシン、PCBなどの有機塩素化合物、あるいは環境ホルモンと呼ばれる各種の化学物質の有害性が明らかになりました。現在でも、ネオニコチノイド農薬とミツバチ減少の因果関係が議論の対象となっています。

このように環境運動が世界的な関心を集めてからは、農薬の過剰な使用に批判が起こるようになりました。それは消費者側からの指摘に留まらず、生産者側であり、農薬の使用者である農家からも化学農薬の副作用や健康被害への心配が訴えられました。

それからは、害虫や病気の対策に化学農薬を用いるだけでなく、天敵、細菌、ウイルス、線虫やカビなどの生物農薬の使用が検討されるようになりました。現在の世界的な農業生産の流れとして、環境保全型農業の推進が挙げられます。農薬の使用、特に有機リン剤、有機塩素剤はその残留性や人体への影響から、使用を抑制する方向に動いています。

現在、日本は農薬使用量が世界第一位であり、第二位のヨーロッパの5倍も使用しています。農薬漬け農業と言っても過言ではないかもしれません。

園芸の盛んなオランダやデンマークでは、温室の周りに防虫網を張り巡らしたり、天敵やフェロモンを利用するなど、農薬に頼らない園芸を目指しています。日本の多量の農薬使用は、このままいくと国際的に批判を浴びる可能性があります。

Chapter.3
品種改良

SECTION 14

品種改良とは

植物の品種改良とは、「より病気や害虫に強く、より高品質な農作物をより多量に生産する」という人間にとってより有用な種類の植物を作り出すことを言います。その手段としては、昔ながらの交配、培養、突然変異などから、放射線照射、遺伝子工学など20世紀後半以降に開発された最近の方法など、いろいろの方法があります。

品種改良の歴史

人類の歴史の黎明期に、野菜や穀物などあろうはずもありません。人間は雑草や木の芽など、少しでも軟らかく食べておいしい植物を選んで食べていたことでしょう。この様なたゆまない選択を何万年と言う長い年月をかけて行っているうちに、選択の基準をよりよく満たすと言う、野菜や穀物が自然に現れてきたのでしょう。これは自然に頼った品種改良と言うことができるでしょう。

品種改良と言う概念は新しいものであり、人類は食べやすくて美味しいものを選んでいたのでしょうが、それが結果的に品種改良に繋がったのでしょう。今となっては、そのような品種改良の足跡を辿るのは不可能ですが、近年になってからの品種改良の跡は辿れるものがあります。その例を見てみましょう。

コメの品種改良

米は、弥生時代には日本全国に広まり、主食となっていたようです。当時の米は古代米と言われ、現在の米とはだいぶ違います。今も残る色の着いた「赤米」や、匂いの着いた「匂い米」を見れば想像ができます。その様な古代米を現代の米に品種改良する努力は並大抵のものではなかったものと思われます。大昔のことは不明ですが、江戸時代に行われた人為的な品種改良は記録が残っています。

稲は熱帯性の植物であり、熱帯性の気候を好みます。その点、日本は雨が多く、真夏の最高気温は熱帯地域と同じくらい高くなります。日本は稲作に適した環境だったのです。しかし、それだけに稲は低温には弱い植物です。

江戸時代中期（1782〜1788年）に浅間山の噴火によって大量の噴煙が大気に混じり、日照不足になって起こった冷害は「天明の大飢饉」と呼ばれ、6年間で約92万人の人々が亡くなったと言われます。

冷害に強い稲が欲しい。それは当時の人々の心からの願いでした。しかしその願いがようやく叶ったのは、飢饉から100年も経った明治30年（1897年）のことでした。阿部亀治という人が「亀の尾」という稲を誕生させたのです。これは後に、コシヒカリやササニシキ等という現代のブランド米のルーツとなった品種です。

亀治は、冷害でほとんどの稲が実らずにいる中で、元気に実を結んだ3本の稲穂を偶然に発見し、それを基に交配による品種改良を続け、4年の歳月をかけて亀の尾を誕生させたと言います。

その後、明治36年（1903年）、国立の農事試験場で品種改良に力を入れる方針が定められました。農事試験場の技師だった加藤茂苞は品種改良の新しい方法を開発しました。それまでは、在来の米の品種の中から、優れた特性をもつ株を見つけて一カ所に集め、その種を栽培していって最後に一番優れた種を残す「分離育種法」と言う方法によって品種改良を行っていました。

それに対して加藤は、世界で初めて稲の人工交配に成功したのです。これが、後に品種改良の常道となった「交雑育種法」の基盤となりました。加藤は多くの新品種を創出し、のちに「品種改良の父」と呼ばれるようになります。

キャベツの品種改良

キャベツは、古代ヨーロッパの中西部に住んでいたケルト人によって栽培されていた野生種のケールが祖先と言われています。これは結球しませんが、ヨーロッパ中に広まるうちに、現在のような結球した丸い形のものが生まれました。

この結球型のキャベツは、12世紀には南ドイツに存在しており、13世紀にイギリスに渡った後、世界各地に伝わりました。日本にも江戸時代には既に伝わっていたようですが、一般化したのは明治時代以降のことと言われます。

一方、長く直立した茎に、たくさんの脇芽をつけるメキャベツは16世紀にベルギーで改良され、19世紀に世界各地に広まりました。18世紀ごろにはイギリスで更に改良されて現在のブロッコリーになりました。その後、更に改良されてカリフラワーになったのです。

品種改良の方法

時代とともに品種が改良されるのと同じように、時代とともに品種改良の方法も改良されていきます。

❶伝統的な方法

伝統的な品種改良の基本的な方法は、優秀な性質の個体を選択し、それを繁殖させるというものです。稀に出現する突然変異は、優秀な素質を持つ可能性があるので、これも繁殖させます。また、優秀な性質をもつ個体や種間での交配もよく行なわれます。

この様な操作を繰り返していけば、それぞれの固体が持つ優秀な性質を併せ持つ個体が得られる可能性があります。しかし、この様な方法では、それら以上に優れた性質が現われることは期待できません。

交配に使われた固体(両親)以上の性質を望むなら、突然変異に期待しなければなりません。突然変異は自然環境ではあまり起きませんが、飼育環境ではかなりの確率で起きることが知られています。それは飼育環境では生存競争が無いので、変わり物が生存できる確率が大きくなるからです。

❷ 現代的な方法

種を越えた間での交配は自然環境では滅多に起こりませんが人工的に行うと成功することもあり、成功すれば新しいものが生まれる確率が高くなります。小麦なども何度かの種間交雑が過去にあったことが推定されています。

現在では、この突然変異に相当する現象を、放射線照射によって簡便に出現させることが可能となっています。また種間交配に相当するものが遺伝子組み換えということになります。最近話題のゲノム編集は、元になる固体の性質を越えることはできないということから、伝統的な交配に相当することになるでしょう。

SECTION 15

交配

交配とは、Ａの花の雌蕊（めしべ）にＢの花の花粉を付けて受粉させることです。このようにしてできた種を育てると、ＡとＢの両方の性質の一部ずつをもった新しい固体Ｃが出来ます。交配による品種改良はこのような現象を利用したものです。

メンデルの法則

交配によってどのような性質の子孫が誕生するかを統計的に研究したのはオーストリアのキリスト教司祭のＧ・Ｊ・メンデルでした。メンデルは、エンドウ豆を使って交配の研究を重ね、「第一法則：優劣の法則」、「第二法則：分離の法則」、「第三法則：独立の法則」と言うメンデルの三つの法則を発見しました。このうち、本書に関係するのは優劣の法則ですのでこれを見てみましょう。

❶F1世代

遺伝は染色体の組み合わせによって生じます。染色体は2本が対になっています。固体の性質は染色体の対によって決まりますが、染色体には優勢なものと劣勢なものがあります。ここで言う優劣は、染色体の競争力の優劣で、固体の性質の優劣とは関係ありません。

エンドウ豆の花には紫の物と白い物があります。紫の染色体をA、白の染色体をbとしましょう。エンドウ豆ではAが優勢、bが劣勢です。Aとbの組み合わせにはAA、Ab、bbの3種があります。しかし、AとbではAの方が優勢なので、AAはもちろん、Abも紫となり

●優劣の法則

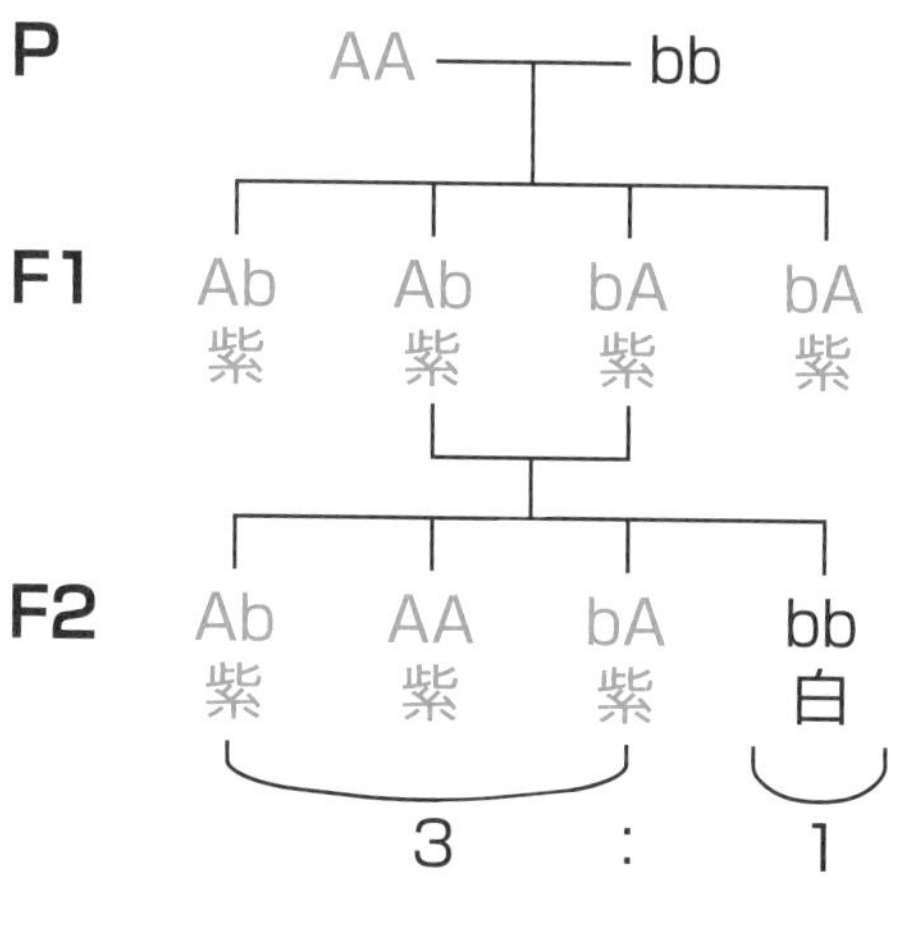

ます。白くなるのはAの入っていないbだけです。

親（P）として紫のエンドウ豆AAと白いエンドウ豆bbを選んで交配します。この結果出来る組み合わせ（F1世代）は図のように4種になりますが、全てにAが入っています。したがってF1世代では全ての花が紫になります。つまり、全ての作物の品質が揃うのです。これは商品化にとって大きなメリットとなります。

❷ F2世代

次にF1世代のうち、紫の花は咲くが、劣勢染色体bを含んでいる物つまりAbを選んで交配します。すると、4種の組み合わせが生じ、そのうち3種にはAが入っているので紫になります。しかし1種はbbとなり、bしか入っていないので白くなります。

つまり、紫と白の割合が3：1になるのです。これは品質が揃わないことを意味します。これでは商品化するわけにはいきません。

種子は種苗会社から買わなければならない？

現在では、農家が蒔く種はほとんど全て種苗会社から購入したものです。自分で育てた作物から得た種を撒くことはありません。自分で育てた種を撒くと、悲惨な結果になるのです。

❶ F2世代は不揃い

種苗会社が販売する種子はF1世代です。ですから、先に見たように、全ての種に優勢染色体のAが入っています。全ての種子から品質の揃った優秀な苗が育ち、立派に結実します。しかし、農家がその苗から得た種子を蒔くと、それはF2世代になります。劣性染色体だけを持った種子が必ず混じっており、そこから育った苗は性質が劣悪です。この様な苗は、その先農家がどんなに苦労して育てても良い結果にはなりません。

つまり、農家はこの先もずっと種苗会社からF1世代の種子を買い続ける以外ないのです。

❷ 交配種の野菜は生育が早く収量が多い？

一般に交配種の植物は性質が頑強で病気に強いです。これは「雑種強勢」と言われる効果によるものです。

人間でも、近い親戚同士などで近親婚をくり返すと、やがて生命力が衰え、体格も貧弱になってくる傾向があります。これを「近交弱勢」または「自殖弱勢」と言います。それに対して、人種や国籍が異なるなど、遺伝的に遠い組合せで結婚すると、両親より大きく、逞しく、丈夫な子が生まれる確率が高くなると言われています。

SECTION 16

細胞培養

交配は人類が何千年もかかって経験し、実践してきた品種改良法であり、その確実性、安全性は長い歴史を通じて検証されてきました。しかし交配の結果が出るには、自然状態なら1代で1年かかります。安定した新品種を作るのに10年かかったなどと言うのはザラです。しかも、交配が成功するのは似通った種の間だけです。

もっと簡単でもっと速く、しかも離れた種の間でも可能な交配法は無いものでしょうか？　そのような要望から開発されたのが組織培養や細胞融合であり、そのための技術がプロトプラスト培養です。

プロトプラスト培養

植物細胞と動物細胞の違いは、植物細胞は細胞の一つひとつに細胞壁というセルロースでできた硬い壁を持つことです。骨格の無い植物が重力に逆らって大地に立っていることが出来るのはこの硬い細胞壁のおかげです。

プロトプラストとは

植物細胞からこの細胞壁を取り除いた裸の細胞を「プロトプラスト」と呼びます。そしてプロトプラストを培養し、植物体を再生することをプロトプラスト培養と呼びます。日本では、1971年にタバコの葉肉のプロトプラストから植物体を再生することに成功しました。それ以来、多くのプロトプラストから再生植物(プロトクローン)を得ることに成功しています。

プロトプラストの性質と作り方

プロトプラストは突然変異が起きやすく、そのため、新品種や新系統の作出に利用されています。すでに新品種や新品種候補のできているジャガイモや稲はもちろん、プロトクローン変異の多いキクやメロン、他の多くのプロトクローンでも、本格的な新品種育成への活用実験が進行中と言います。

プロトプラストは次のようにして作ります。

❶植物細胞では細胞壁同士がペクチンという物質でつながっています。そこで、ペクチナーゼと言う酵素を働かせて細胞壁同士のつながりを切断して細胞をバラバラに分離します。

❷次に、植物細胞の細胞壁はセルロースで出来ているのでセルラーゼと言う酵素を働かせて細胞壁を分解します。すると先に見た細胞膜がむき出しの植物細胞(プロトプラスト)となります。

細胞培養の原理

植物の細胞には動物の幹細胞と同様に、全能性(ひとつの細胞から植物全体が再生できる能力)があるとされています。目下進行中の研究に、ジャガイモのプロトプラストを培養して個体を再生させ、その時に出る変異を利用して新しいでん粉原料用の品種を開発しようとの試みがあります。

具体的にはジャガイモの葉の細胞からプロトプラストを作り、それを化学物質によって人為的に突然変異させた後、個体を再生します。このようにして作出したジャガイモの苗からマイクロチューバーと呼ばれる小さなイモを試験管内で作らせるのです。このイモを温室で育てて大きくし、実際の農園で育てて、良い苗を選抜するというスケジュールです。

SECTION 17

細胞融合

二種類の植物の細胞を融合して1個の細胞にし、それを培養して成体にすることによって、二種の植物の性質を併せ持った新植物を創りだす技術を細胞融合と言います。

細胞融合の実際

実際の細胞融合は次のようにして行います。

❶プロトプラストに直流電圧を加える、あるいは
❷センダイウイルスというウイルスに感染させる、あるいは
❸高濃度のポリエチレングリコール（PEG）を含む培養液中で培養し、その後PEGを取り除くと細胞融合が起こって一つの細胞になります。

このようにしてできた融合細胞の中には2個の核が存在することになります。つまり、AとBという2種類の細胞を融合させると、2個の核の組み合わせはAA、AB、BBの三種ができます。このうちABが、細胞融合技術が目的とする融合細胞ということなります。

融合細胞ABの中にある2個の核はやがて融合し、1個の核となります。この結果、核内にはA、B両方の染色体が混在し、新しい生体(ハイブリドーマ)には、A、B両方の性質が現れることになります。

細胞融合の問題点

細胞融合の原理には優れた点と同時に、問題視せざるを得ない点もあります。何よりも大きい利点は、一気に大量のDNAを移動させることができるということです。しかし、遠縁の植物同士の細胞融合によって作り出された体細胞雑種は染色体が脱落したり、不稔になることが多くあります。また、両親の好ましくない形質まで受け継いでしまうなどの問題点があり、そのほとんどは実用になりませんでした。

ジャガイモ（ポテト）とトマトを融合したポマトが話題になりましたが、実はジャガイモ部分もトマト部分も貧弱な物でした。つまり、根はゴボウの様でジャガイモはならず、実のトマトもおよそ食用になるものではなかったと言います。

目的とするような、根にジャガイモ、実にトマトがなるような植物は、細胞融合など面倒なことをしなくても、ジャガイモの根にトマトの茎を接ぎ木すれば、2週間後にはトマトとポテトの両方を収穫できると言います。

同じ様な細胞融合作物は、ハクラン（ハクサイとキャベツ）、オレタチ（オレンジとカラタチ）、ヒネ（ヒエとイネ）などの作出に成功したという実験例はありますが、実用化、商品化されたものはまだ無いようです。

SECTION 18

放射線照射

生物に放射線を照射するとDNAが損傷します。これはDNAが変化したことを意味し、そのまま育成すれば突然変異植物として成長します。つまり、放射線を利用すれば突然変異を人工的に起こすことが出来るのです。

放射線とは

放射線とは、原子の中心にある小さくて密度の大きい粒子、原子核がいろいろの反応(原子核反応)を起こすときに放出される高エネルギーの粒子や電磁波の事を言います。主な放射線にはα(アルファ)線、β(ベータ)線、γ(ガンマ)線、中性子線などがあります。

α線はヘリウムエ㋹と言う原子の原子核が高速で飛ぶもの。β線は電子が高速で飛ぶもの、中性子線は原子核の中にある中性子と言う微粒子が高速で飛ぶものです。つまり、α線、β線、中性子線は微粒子と言う物質が高速で飛んでいるものです。

それに対してγ線は物質ではなく、電磁波であり、光のようなものです。つまり紫外線より高エネルギー電磁波であるX線と同じものです。生物の品種改良に使うのは主にγ線です。

突然変異とは

生物の遺伝は、DNAによって行われます。DNAは機械の「製造仕様書」のような物で、遺伝情報がビッシリと書きこまれています。細胞が細胞分裂によって増殖する時、DNAも分裂複製して全く同じDNAを創りだします。ところが、この複製は時折失敗し、仕様書の一部が間違って書かれてしまいます。この様な場合、DNAを修復する酵素が存在し、その酵素が誤った箇所を訂正します。

ところが、失敗した箇所が多すぎたり、あまりに広範囲に失敗したりすると、修復が間に合わなくなります。この様な場合には、誤ったDNAに従って生物が作られてしまいます。これが突然変異と言われる現象です。

ＤＮＡの損傷はいろいろの原因で起こります。偶然に起こることもありますし、化学薬品で起こることもあります。中でも多いのが宇宙線や放射線等に含まれる高エネルギー電磁波、つまりＸ線やγ線です。このような放射線によって品種改良を行うことを放射線育種と言います。

ガンマーフィールド

放射線照射による品種改良は、茨城県常陸大宮市にある農林水産省の放射線育種場である「ガンマーフィールド」で行われます。この施設は、中央にγ線の線源であるコバルト60を設置し、それを囲むようにして作った半径100メートルの円形農園です。

γ線照射の例

γ線照射によって改良されたものはたくさんあります。

❶ 大豆

最近の豆乳は青臭さが減り、飲みやすくなったことにお気づきの方も多いでしょう。これは放射線育種により、青臭さの原因となるリポキシゲナーゼという酵素を除いた「いちひめ」という大豆などの開発によるものです。

❷ 稲

風の影響に強く倒れづらい「レイメイ」や、収穫量が多い「アキヒカリ」などの稲も放射線育種でつくられたものです。

❸ 梨

「二十世紀梨」は美味しい梨ですが、ナシ黒斑病という病気にかかりやすいと言う欠点があります。ガンマ線照射により突然変異体を得る実験が行われた結果、黒斑病への抵抗性を持つ以外は二十世紀梨とほぼ同じ性質を持つ梨を生み出すことに成功しました。この梨は「ゴールド二十世紀」と名付けられて市販されています。

❹ 花

トルコギキョウは大輪花の品種が多いのですが、放射線育種によって小輪で多くの花をつける品種が開発されました。

❺ キノコ

純白のエノキダケも放射線育種によって褐色にならないよう改良されたものです。

害虫駆除

放射線照射は植物を改良することだけに用いられるのではありません。害虫を駆除するのにも用いられます。キュウリなどの野菜に寄生する「ウリミバエ」は困った害虫です。そこで工場で人工的に繁殖させたウリミバエのオスのさなぎに放射線を照射して不妊化します。このオスを野外に放すと、このオスが関与した卵は孵化しなくなります。この操作を繰り返し行うことで、害虫の根絶に成功しました。

SECTION 19

遺伝子組み換え

遺伝を支配するDNAは精巧につくられた物質ですが、要するに化学物質にすぎません。しかも、化学的な眼で見たら、それほど複雑な物でもありません。

遺伝子工学

DNAは塩基と呼ばれる4種の単位分子ATGCが何億個も、固有の順序で繋がっているだけです。ATGCの4文字(4塩基)の並び順が暗号になっているのです。26文字のアルファベットで小説を書くのと同じことです。

この様なDNAに化学的な反応を行って、DNAを作りかえる、つまりATGCの並び順を変化させることは決して難しい話ではありません。このように、DNAに化学的な操作を加えることを一般に遺伝子工学と言います。

遺伝は永い間、神秘の領域と考えられてきました。遺伝子工学によってDNAを操作することは、この遺伝の領域に人の手が直接入ることを意味します。

そのため、遺伝子工学は単に技術的な観点ばかりでなく、哲学、倫理学、宗教等、広い人間文化の観点から、総合的に検討されるべき問題をはらんでいると言わざるをえません。

遺伝子とDNA

DNAは4種の塩基ATGCが固有の順序で並んだ長い鎖状の分子です。DNAは二種類の部分に分けることができます。

❶ 遺伝子とジャンクDNA

一部分は遺伝に関係した部分であり、これを遺伝子、ゲノムと言います。もう一部分は遺伝に関係しない部分でこれはジャンクDNAと呼ばれます。人間の場合、全DNAで遺伝子が占める割合は10％に満たないと言われます。

つまりＤＮＡにはたくさんの「遺伝子」と言われる部分が数珠繋ぎに繋がっているのです。各遺伝子部分は生体に特有の形質や機能を発現させます。

もし、ある生物ＸのＤＮＡ上の目指す遺伝子部分だけを取り出して、他の生物ＹのＤＮＡに継ぎ足せば、ＹはＸの機能を併せ持つことになります。このようにすれば、人間の望みの機能を持った生体を作り出すことが可能となります。これが遺伝子組み換えの考えです。

❷ 遺伝子の切断

遺伝子組み換えを行うためには、ＸのＤＮＡから目的とする遺伝子部分を切り出す必要があります。そのための基本的な技術が、ＤＮＡを任意の位置で切断する技術です。このためには制限酵素と呼ばれる特殊な酵素を使います。

●DNA

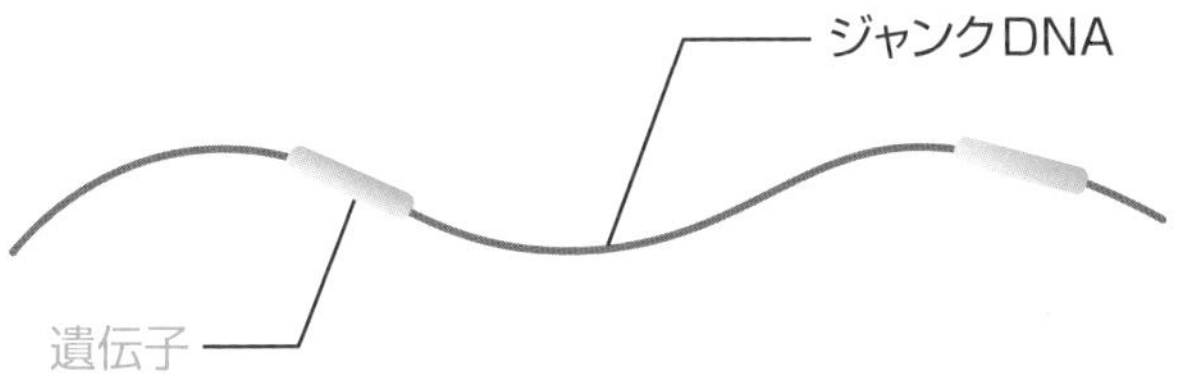

　ある制限酵素は4種の単位分子がAGTTと並んだ箇所の中央部分、つまりGT間を選択的に切断するとしましょう。この酵素を使ってXという生物のDNAを切断するとします。もしDNAにAGTTと並んだ箇所が2カ所あったとすれば、2カ所で切断するので、それに挟まれた部分を切りだすことができることになります。

❸遺伝子組替え

　DNAから切り出した部分DNAである遺伝子は、それだけでは機能しません。機能させるためには、適当なDNAに組み込んで、完全なDNAの一部分とする

●遺伝子組替え

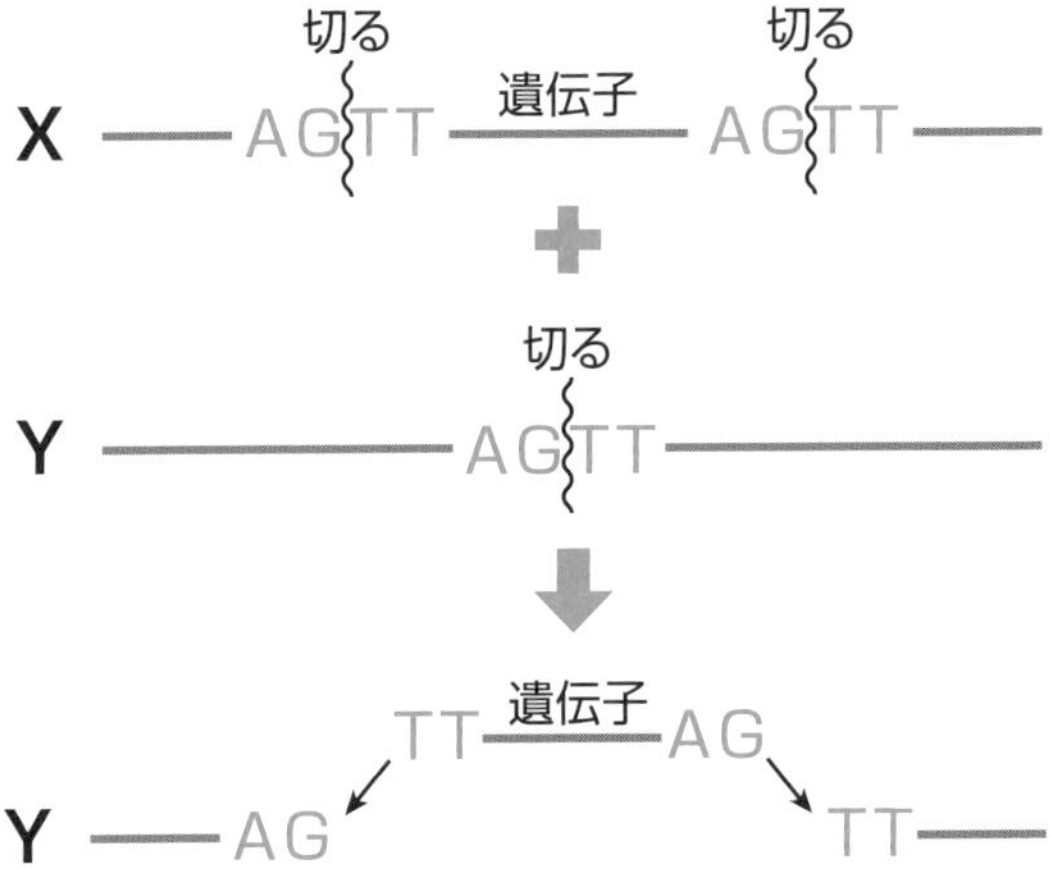

必要があります。これを遺伝子組み替えと言います。

Yという生物のDNAに組み込むことにしましょう。YのDNAを先ほどと同じ制限酵素で切断します。すると、その切断箇所の片側はAGとなり、反対側はTTとなっています。ここに先ほど切り出した遺伝子を持って来れば、塩基の配列はピッタリ合うので結合して組み込まれることになります。

つまり生物YのDNAに生物Xの遺伝子が組み込まれたのです。この遺伝子は生物Yの中で機能を開始し、生物Xの働きを始めるでしょう。生物X、Yに制限はありません。米と麦だってかまいません。

しかし、もし馬と鹿の間で成功したらどうなるのでしょう？　この創作動物は「馬鹿」とでも呼べばよいのでしょうか。つまり、遺伝子組み換えは神話の世界にしか登場しない、キメラと呼ばれる生物を誕生させる可能性もあるのです。

遺伝子組み換え食品

遺伝子組み換え技術は既に実用化しています。その結果、害虫に強い、病気に強い、収穫が多い、味が良いなど、多くの長所を持った農作物が創りだされ、そのうち何種かは既に市場に出回っています。

しかし、遺伝子組み換えによって生じた効果がこの様な「良い効果」だけという保証はありません。もしかしたら、わからないところで別の「良くない効果」が人知れず顔を出ているのかもしれません。

ということで、遺伝子組み換え作物、それから作った遺伝子組み換え食品を敬遠する向きもあります。日本では遺伝子組み換えを実践することは禁止されています。しかし、種類は限定されていますが、じゃがいも、とうもろこし、大豆、なたね、綿実、アルファルファ、てんさい、パパイヤの8種類は、遺伝子組み換えによって作り出された農作物の輸入販売は認められています。

SECTION 20

ゲノム編集

ゲノムとは遺伝子のことを言います。一般にはDNAのことと考えて良いでしょう。したがって、ゲノム編集とは、DNAを編集するということです。ここで言う「編集」は原稿を編集するという場合の編集です。つまり、DNAという「製造仕様書」を切ったり貼ったりして編集するということです。

ゲノム編集とは

編集と言うのは、編集者が著者の作品に「手を加える」ことです。手を加えると言うのは、「書き変える」ということとは全く違います。

つまり、ゲノム編集では、元々のDNAに付け足すことはしないのです。遺伝子の順序を変えたり、不必要な遺伝子を除いたりするだけですから、他の生物の遺伝子を持ってきて加える遺伝子組み換えとは全く違います。

ゲノム編集がやることとは、具体的には元々のDNAから不要の部分、あるいはあっては困る部分を削除することです。例えば、魚のタイのDNAには、「筋肉がある程度以上になるとそれ以上作らないようにする」遺伝子が組み込まれています。そこでゲノム編集をしてこの遺伝子を削除します。するとタイは盛んに筋肉を作ってマッチョタイになり、筋肉量は20％増しになると言います。

これ以外にも、収量の多い穀物、苦味の無いピーマン、アレルゲンが無くてアレルギーの心配の無い卵を産む鶏、飼育者に怪我をさせない角の無い乳牛、等々、アイデアの赴くままにいろいろの変形生物が創りだされようとしています。

Chapter.4
土壌改良

SECTION 21

土壌とは

伝統的な農業は、春に大地に種を撒き、水をやって苗を育て、雑草を抜いて作物に光を当て、実りの秋になって果実を収穫するというものでした。

大地は農業の基本であり、大地の無い所に農業は成立しませんでした。大地は農業の基本であるだけに、農業に及ぼす大地の影響は計り知れないほど大きなものがあります。

地味豊かな肥えた大地に蒔かれた種は放って置いてもすくすくと伸びて豊かな果実を実らせます。しかし、痩せた土地に蒔かれた種は、いか

に優れた品種の種とはいえ、成長に限りがあります。
農業の基本は大地を耕して豊かな大地にすることから始まります。

土壌の構造

一口に土、土壌と言いますが、土、土壌とは何でしょう？　重くて湿っていて、焦げ茶色で、乾くと白っぽくなります。固まっていますが、ほぐすと細かい粒になります。固くてほぐれにくい土もあれば砂のようにサラサラした土もあります。土壌の構造はどのように考えればよいのでしょう。

❶土の3相

土は、いろいろの成分の混合物です。ざっと分けても砂や粘土などの固形分、そこに溜まっている水分、そして隙間に入っている空気があります。土と言うのは、これらすべてを含めた言葉なのです。

土壌の研究者の間では、土を構成するこれらの固体、液体、気体を土の3相（固相・

液相・気相）と言います。一般に農作物の栽培に適した土はこの3相の比率が4：3：3程度となっているものとされています。気体（空気）の比率が意外に高いのには注意する必要があるのではないでしょうか。

❷ 土の団粒構造

粘土や砂など無機物の粒子、腐葉土などの有機物などが集まって固まりになった物を団粒（だんりゅう）と呼びます。団粒の表面や内部には適度な穴や隙間が存在し、そこを水が通過したり留まったりすることによって、適度な排水性と保水性が現われることになります。これを団粒構造と言います。

これに対して団粒化が進んでいなくて、粒子がバラバラの状態（単粒構造）のときには、粒子がギッシリと集まって緻密な構造になります。そうなると、粒子の細かい粘土のような土なら目詰まりを起こして水はけが悪くなります。反対に粒子の粗い砂であれば保水性に欠けることになり、いずれにしても農作には向かないことになります。

土壌の性質

人類が知っている全ての元素を記した周期表には、2020年現在118種類の元素が載っています。しかし、この中には人間が人為的に作り出した元素で、少なくとも地球上の自然界には存在しない人工元素も含まれています。地球の自然界には約90種類の元素が存在することが知られています。

❶ 土壌を構成する元素

土壌中には、地球上の自然界に存在する90種類の元素のほとんど全てが含まれています。主な物としてはケイ素Si、

●土壌を構成する元素

元素	植物中 (%)	土壌中 (%)
C	45.4	2.0
O	41.0	49.0
H	5.5	−
N	3.0	0.10
Ca	1.8	1.37
K	1.4	1.40
S	0.34	0.007
Mg	0.32	0.50
P	0.23	0.065
Na	0.12	0.63

元素	植物中 (mg/kg)	土壌中 (mg/kg)
Mn	630	850
Al	550	71000
Si	220	330000
Zn	160	50
Fe	140	38000
B	50	10
Sr	26	300
Rb	20	100
Cu	14	20
Ni	2.7	40

アルミニウムAl、鉄Fe、カルシウムCa、カリウムK、ナトリウムNa、マグネシウムMg等であり、ほぼこれらの順で多く含まれます。

しかし大切なことは、これらの元素のほとんどが酸素Oと結合した酸化物の形で存在し、無機成分全体の99％を占めているということです。その結果、地殻中に存在する元素の中で最も多量に存在するのは酸素であるという、意外な結果になっているのです。

❷ 土壌の化学的性質

このような元素組成の結果、土壌にはいろいろの性質、特に化学的性質が現われます。土壌を構成する元素の割合は、全ての土地で等しいことなどありえません。日本とアメリカでは異なりますし、愛知県と岐阜県でも異なるでしょう。それどころではありません。同じ町内でもAさん宅とBさん宅では異なる可能性があります。

土壌を構成する元素の割合が異なれば、土壌の化学的性質が異なるのは必然です。最も端的に現れるのは土壌の酸性度pHです。これは場所によって異なるだけでなく、同じ場所でも年によって異なります。これは地下水の水脈の移動によって異なりますし、昨年どのような肥料、化学肥料を施したかによっても変化します。

❸ 土壌の生物学的性質

また、植物の生育に必須な微量成分の量や割合も重要です。これらが全て土壌の化学的性質として現われてくるのです。更には、土壌中に棲息する目に見えない微生物の種類と量も重要です。微生物には植物の成長を助長するものと阻害するものがあります。

どのような微生物がどのような量、割合で存在するか、それは農業の観点から土壌を見た場合に最も重要な点かもしれません。

SECTION 22

土壌改良とは

土壌改良と言うのは、農作に適さない土壌に手を入れて、農作に適した土壌に変更することを言います。そのために行う操作には物理的な改良、化学的な改良、それと生物的な改良に分けて考えることができます。それぞれの主なものを見てみましょう。

物理的条件の改良

土壌の粒子の大きさ、その形状、集合の具合など、土壌の物理的な性質を改善することです。主なものとして次のようなものが上げられます。

❶ 土壌の透水性

大地に降った雨、あるいは撒いた水が表面を流れて川に行ってしまうのでなく、地下に浸透するということです。

❷ 保水の向上

地面に浸みこんだ水分が植物の根で給水できる範囲にとどまっているのかということです。

❸ 通気性の改善

植物の根は水を吸うだけではありません。空気も吸います。根が常に水に浸っている状態では、水棲植物を除く植物は根腐れを起こして枯れてしまいます。

化学的条件の改良

土壌にはいろいろの成分が混じり、いろいろの液体が溶け込んでいます。それぞれの成分や液体は固有の性質を持っています。その結果、現れる土壌の科学的性質を植物の成長に合うように調整・改良する必要があるようになります。

❶ 土壌の酸性度

土壌に関する化学的性質で最初に上げられるのが土壌のpH、つまり酸性(pH<7)、中性(pH=7)、アルカリ性(pH>7)の問題です。植物によって酸性土壌を好むとか、アルカリ性土壌を好むとかの個性はありますが、農業用土壌の基本条件は中性であるということです。細かい調整は作物が決まってから、作物に従って行うことです。

❷ 有害成分の除去

土壌によっては有害な成分を含むことがあります。自然的な条件ではヒ素を含む、硫黄を含む、塩分を含む土地などがあります。また人為的なものでは工場の跡地があります。この様な土地ではベンゼンやトリクロロエチレンのようなあきらかな有害物質が残留していることがあります。

このような土地で農業を行うためには、まずもってこれら有害物質を完全に取り除くことが必要となります。そうでないと、これら有害物質が作物の成分としてとり込まれてしまいます。富山県で起こったイタイイタイ病は神通川から浸みだしたタリウム混じりの河川水が土壌を汚染し、そのタリウムを農作物が取り込んだことによって生じた悲劇でした。

❸ 必要成分の補充

植物が成長するためには三大栄養素をはじめとして各種の微量成分が必要です。これらを十分に備えていない土地では、肥料として補充することが必要です。

生物的条件の改良

後に見る水耕農業とか農業プラントなどの特殊な農業を除いて、全ての作物は大地に植えられます。大地には、おびただしい種類と個数の微生物が棲んでいます。作物はこれら微生物との共生関係の中で成長していくのです。作物の成長を助長する微生物もいれば、病気を起こす微生物もいます。この様な微生物の環境を整えてやることも土壌改良の重要な手段となります。

以上の事を総合すると、農行従事者が日常的に行っている耕作、施肥などはそれぞれ、土壌の物理的、化学的条件の改良なのです。農業とは土壌改良の連続です。かつての屯田兵による北海道開拓、移住者によるブラジル開拓などは大規模な土壌改良ということになります。

地力保全基本調査によると日本の水田の約4割、普通畑の約7割が土壌改良の対象となる酸性土、不良火山灰土、泥炭土、重粘土、腐植過多土、砂質土、礫質土などの不良土であることが明らかになっています。土壌改良は農業従事者に終生に渡って課せられた宿命ということもできるでしょう。

SECTION 23

土壌改良の方法

人類は人類史における農業の始まりの当初から、土壌の改良に努力してきたと言って良いでしょう。火山灰が降り積もった山の斜面や雨も降らない乾燥地帯、あるいは年中水に覆われた湿地帯に稲や小麦が育つとは考えられません。

稲を育てて米を得ようとする民族、麦を育ててパンを得ようとする民族はそれぞれに、自分の所有する耕作地を自分の欲しいと思う農作物に合致するように、耕し、肥料を施し、重要な微量元素を絶えさせないように農地を改良、管理してきました。

一般的な改良

土壌を改良する場合には重点的に改善すべき点がいくつかあります。それを整理してみましょう。

❶ 排水性の改善

粘土質の土壌は一般的に水はけ、排水性が悪くなります。排水性が悪いと根が呼吸できず、窒息して根腐れなどの原因になります。排水性を改善するためには砂を加えるのが効果的とされます。また、その様な土質の改善の他に、排水溝を設けるなどの土木的な改善も必要になります。

❷ 保水性の改善

砂質の土壌では水持ち、保水性が悪くなります。この様な土地に植えられた作物は水不足になって健全な成長が困難になります。このような場合には、粘土質の土壌やピートモスなどを加えるのが良いとされます。

❸ 団粒化の促進

土の団粒化は微生物の働きによって生成された有機物質により土の粒子が結着され、塊にまとまることによって進行します。このため、土の団粒化を促進するためには土に有機物を加えたり、水分を調節するなどして微生物の活動を活発化することが大切となります。

最近では、微生物によらずに団粒化する目的で高分子系土壌改良材が用いられることもあります。

自然汚染の浄化

火山灰からなる酸性土壌、石灰岩からなるアルカリ性土壌など、土壌には自然環境によって酸性物質、アルカリ性物質が混じり込みます。植物は酸性、アルカリ性、どちらの場合にも生育は阻害されます。そればかりではありません、土壌には鉄、アルミニウム、ヒ素などの無機物イオンが存在し、それが植物に吸収されると植物の生育に影響するだけでなく、それを食べた人間にも影響が出てきます。

❶ pHの調整

酸性の土地には消石灰（水酸化カルシウム）$Ca(OH)_2$や草木灰、あるいはもみ殻を燃やした燻炭など、アルカリ性の物質を撒く、あるいは梳きこむなどが一般的な解決法です。反対にアルカリ性の土地にはピートモスを梳きこむ、あるいは硫安（硫酸アンモニウム）などの酸性肥料を施すのが良いでしょう。

❷ 有害金属塩の除去

自然条件下で有害金属塩を含む土地の改良は難しいです。この様な土地は農地に向かないものとして、他の用途を探すのが賢明でしょう。ぜひともと言うなら川の水を引いて土地を洗うことが考えられますが、汚れた川水をどう処理するかという別の問題が浮上します。

根本的には一定深度まで土を除き、良質の土を入れる客土ということになるでしょう。この場合も、除いた土に残る金属塩をどう処理するかという問題が残ります。この問題については次項でもう一度考えてみましょう。

SECTION 24

工業汚染土壌の浄化

最近は自然環境によるものばかりでなく、人為的な影響によって土壌にいろいろの成分が混じることがあり、問題になっています。

人為的な汚染の例

人間の営利行動によって土地が汚染された例を見てみましょう

❶ 足尾銅山

栃木県にある足尾銅山は、国内有数の銅鉱山として明治初期から大規模な銅の採掘、製錬が行われました。銅を採った後の不要の鉱滓(こうさい)は近隣の土地に積まれ、そこから出た排水は近くの渡良瀬川に流れ込み、水質汚染を起こしました。

また銅の製錬は銅鉱石に含まれる硫黄を除くために鉱石を燃やします。すると硫黄酸化物Sox（ソックス）が気体として発生し、周辺の植物を枯らし、土壌を汚染します。燃やすために用いる燃料（薪）を確保するため、周辺の木を切るのではげ山になった山は雨のたびに洪水を繰り返します。

ということで、足尾銅山は日本の公害の草分けであると同時に、公害史に残る大規模な公害として知られています。

❷ イタイイタイ病

岐阜県の神岡鉱山は亜鉛鉱山として大正時代から採掘が行われていました。そのころから神通川流域の一部の人に知られていたのがイタイイタイ病という奇病です。これは主に農家の中年以上の女性に起こる病気で、骨が弱って、ちょっとした衝撃で骨折します。そこでイタイイタイと言って床に就くと更に弱くなって、咳をしたくらいでも骨折すると言う悲惨な病気です。

これは神通川上流の神岡鉱山が、亜鉛を採掘した後の、カドミウム混じりの鉱滓を神通川に廃棄したことが原因でした。カドミウムが河川水に溶け、下流の田畑に浸出して農地を汚染し、それが農作物に吸収され、その農作物を食べた住人に被害が現われたのでした。これを契機に「土壌汚染」が社会問題になったのでした。

❸ ドライクリーニング

ドライクリーニングは衣服の汚れを水ではなく、有機溶剤（油）によって取り除く洗濯法です。そのためにかつて用いられた溶剤が一般にスーパークロロエチレンと呼ばれるテトラクロロエチレン$Cl_2C=CCl_2$やトリクロロエチレン$Cl_2C=CHCl$です。

これは粘性が低く、比重は水より大きいです。そのため、ドライクリーニングや機械の油汚れの洗浄などによく用いられました。しかし毒性が強く、また地面にこぼれるとたやすく地中に浸透してしまいます。そのため、クリーニング工場の跡地、あるいは機械、自動車工場の跡地はこれらの物質で汚染されていることがあります。

❹ 豊洲市場

東京の築地市場の代わりに造られたのが豊洲市場でした。この土地は東京瓦斯の跡地であり、かつてはここで大量の水性ガスが作られていました。

水性ガスと言うのは石炭（炭素C）と水を高温で反応させて作る物で、一酸化炭素COと水素ガスH₂の混合気体であり、かつては都市ガスとして家庭に配られていました。

この時に副産物として発生するベンゼンが豊洲の地中に残っており、それが新市場の中に揮発していることがわかり、大きな社会問題となったものでした。

浄化の方法

土壌浄化とは、土壌汚染の原因となっている土地の汚染物質を除去し、土壌を汚染前の状態に戻すことです。

汚染源となっている物質が、重金属（カドミウムなど）、有機溶剤（トリクロロエチレンなど）、農薬、油などと多種類あるため、浄化手法もそれに応じていろいろの種類が必要となります。

土壌浄化は、大気汚染対策としての排気ガス処理や水質汚濁対策と

●水性ガス

$$C + H_2O \rightarrow CO + H_2$$

しての水処理に比べて比較的新しい領域であり、実用化途上の新技術や新手法が多数考案され、試行錯誤も重ねられています。

浄化の対象となるのは、汚染された土地を構成している土砂と敷地内の地下水です。しかし地下水は移動しています。そのため、時には隣接汚染地からの地下水流入を阻止することが目的となる場合もあります。

方法には汚染土壌を移動する方法と、移動せずにそのままの状態で、汚染の原因物質だけを分解除去する方法に二大分されます。

❶汚染土壌を移動する方法

・土壌の入れ替え

最も直截的で効果的な方法です。つまり汚染された土壌を全て掘削して取り除き、汚染されていない土砂または代替物で埋め戻すものです。

かつて農地で行われた客土に近い方法ですが、取り除かれた汚染土壌の後始末が問題になります。

・無害化埋め戻し

汚染された土壌を少しずつ掘削し、現場の仮設プラントで化学処理して無害化し、元の場所に埋め戻すものです。現在主流となっている方法で、実際には掘削した場所の隣で埋め戻しを行い、順次工事区画を移動させて行きます。

❷汚染土壌を移動しない方法

・熱処理

汚染物質がVOC（揮発性有機化合物）の場合に有効です。VOCの揮発ガスを活性炭などで吸着し、そのまま焼却処理します。

・汲み上げ処理

汚染物質が水溶性で地下水に溶出している場合に有効です。汚染区域に何本かの井戸を掘り、ポンプで地下水を汲み上げて汚水処理を行います。処理後の清浄水は汚染区域周囲の井戸へ圧入されます。この水は汚染地域に流れ込み、再度汚染物質を溶かし出しますこれを繰り返すことによって汚染物質を完全に取り除きます。

❸バイオレメディエーション

汚染物質が微生物に分解されやすい場合に有効です。適当なバクテリアなど、汚染物質を分解する能力のある微生物を汚染土壌に浸透させ、増殖させます。

❹薬剤注入

地面に固化剤を注入し、汚染物質が溶出しない様に土壌ごと固めてしまう方法です。工事は簡単ですが、汚染物質は残ったままです。

❺土中反応壁

土地を深く狭く掘削します。ここに、触媒などを担持させた吸着剤を埋め戻すことで、土中に地下水に対する壁を形成します。壁は透水性を持ち、汚染された地下水が壁を浸透・通過する間に有害物質が分解・吸着される仕組みです。

SECTION 25

緑地の砂漠化

「月の砂漠をはるばると旅のラクダがゆきました。金の鞍には王子様、銀の鞍にはお姫様、二人並んで～」と言う歌が流行った昔はともかく、現在、砂漠にその様なロマンを感じる人は少ないのではないでしょうか。まさしくその通りで、砂漠は不毛の地であり、ロマンなど吹っ飛んでしまいます。

砂漠と聞けば、漠然と雨が降らず、砂に覆われた所と思ってしまいますが、具体的には年間降雨量が250㎜以下の地域、または降雨量よりも蒸発量の方が多い地域などの定義があります。

砂漠の面積は、とても広く全地球の陸地の4分の1は砂漠なのです。最も広いサハラ砂漠の面積は、日本の25倍もあります。その上、砂漠は広がりつつあり、毎年日本の面積の3分の1ずつ増えていると聞いたら、ただ事ではないと思うのではないでしょうか。

歴史に見る砂漠化の原因

緑滴っていた緑地が砂漠に変化するにはそれなりの原因があります。緯度が低くて太陽光が強い、偏西風の影響を受ける等の自然的な原因もあるでしょうが、それでは砂漠が広がりつつあることの説明はできません。

現在、砂漠が広がっているのは人間の責任が大きいのです。歴史がその事を伝えています。

❶ 鉄器文明

紀元前15世紀頃、東ヨーロッパにアナトリア人と言う民族が栄え、鉄器を発明しました。アナトリア人が滅びた後、鉄器文明はヒッタイト人に受け継がれました。ところがこのヒッタイトも滅びてしまいました。この両民族が滅びた背景には鉄器があると言う説があります。

鉄は金などの貴金属のように、金属の塊として地上に転がっている物ではありません。鉄を得るには酸化鉄、つまり鉄錆びの塊である鉄鉱石を還元しなければなりません。

そして、この還元には木炭(炭素)が必要なのです。ということで鉄を使う民族は全て、膨大な量の木材を必要とします。両民族は領土内の森林を伐採し尽くし、領土の砂漠化を招いて自滅したと言うのです。

❷ 黄土高原

毎年日本に黄砂を送りつけてくる黄土高原は困った砂漠ですが、有名な秦の始皇帝が生きていた紀元前250年頃には緑滴る緑地だったと言います。

それが砂漠になったのは始皇帝が作った兵馬俑のおかげです。自分の墓の周りに埋めるために、始皇帝は膨大な数の等身大の兵士の焼き物(陶器)を作りました。この陶器を焼くために樹木を伐採し尽くしたのです。黄土高原の緑は復活することなく、そのまま砂漠になったのだと言います。

❸ 八岐大蛇(やまたのおろち)伝説

日本の神話です。昔、出雲の国(島根県)には八岐大蛇という、眼は赤く燃え、尾が8本に分かれた大蛇が棲んでいました。8本の尾は8本の谷に広がり、時々大暴れして谷を大洪水にしました。

そこに素戔嗚尊（すさのおのみこと）と言う神様が来られ、この大蛇を退治しました。大蛇の尾を斬ると、そこから草薙剣（くさなぎのつるぎ）、あるいは天叢雲剣（あまのむらくものつるぎ）という鉄剣が現われました。この剣は現在も皇室にあって天皇即位の必需品である三種の神器の一つになっています。

この伝説は島根県で盛んに行われた鉄鋼生産による公害を伝えたものです。鉄鋼を作るために山の木を切り、裸になった山は雨が降るたびに洪水になりました。大蛇の眼が赤いのは熔鉱炉を指すものであり、尾から鉄剣が現われたのは製鉄を意味するのです。

現代の砂漠化の原因

現在進行しつつある砂漠化の原因も人為的な要素が大きいと言われています。

❶ 酸性雨

最近の雨は酸性の強い酸性雨が多いと言われます。原因は石炭、石油、天然ガスなどの化石燃料の燃焼にあると言われます。化石燃料には不純物として窒素N化合物や硫黄S化合物が存在します。

これらが燃えるとそれぞれ窒素酸化物NOx（ノックス）や硫黄酸化物SOxとなりますが、NOxは水（雨）に溶けると硝酸HNO_3などの強酸になり、SOxが水（雨）に溶けると硫酸H_2SO_4などの強酸になります。これが酸性雨の原因になるのです。

酸性雨が降ると植物が害を受けます。山の木々が枯れると山は保水力を失い、雨が降ると洪水になります。洪水になると山の肥沃土が流されて山に木々を成長させる力が無くなります。この様なことが続いてやがて砂漠化に進行して行くのです。

対策としては化石燃料の使用を制限することですが、これが難しいことは地球温暖化の問題などからも明らかです。

❷ 塩類集積

ここでいう塩（えん）は食塩（塩化ナトリウムNaCl）だけでなく、各種の金属イオンを含む無機化合物の事を言います。したがって硝安NH_4NO_3、硫安（硫酸アンモニウム）$(NH_4)_2SO_4$、硝酸カリウムKNO_3、硫酸カリウムK_2SO_4など、各種の化学肥料も塩類の一種ということになります。このような塩類が特定地域に高濃度に溜まることを塩類集積と言います。塩類は化学肥料の使いすぎや海水面上昇に伴う塩水（しおみず）の上昇など、いろいろの原因によって地表に集まってきます。一般的なものとしては、灌漑用水にごくわずか含まれる塩分が蓄積したものや、地中に含まれる各種の塩類を含んだ地下水が毛細管現象によって地表に現われるものなどがあります。

被害が深刻になった場合には、地表面の所々に塩類が白い結晶として現われます。こうなると植物が害を受けて生育しなくなり、最終的には砂漠となります。

塩類集積が発生しやすい地域の特徴は、降水量が少ない平坦地で土壌が泥質土であるということです。このような所では、雨によって塩分濃度が薄められることがなく、また塩分が洗い流されることもないためです。

こうした環境を改善するのは非常に難しく、塩類集積が現われてしまった後の対策には、次のものなどがありますが、どれも費用と時間が必要となります。

- 水を溜めて塩分を溶かし出す
- 土を入れ換える（客土）
- トウモロコシのように肥料を吸収する力の強い作物（cleaning crop）に吸収させる

❸ 人口爆発

砂漠化の人為的な要因としては、耕作のやり過ぎによる塩類集積、放牧のやり過ぎによる草の枯渇、森林伐採による保水力の低下などがあげられます。しかしそれは表面に現われた原因であり、この問題の背後には急激に増える人口問題があります。

世界人口は、すさまじい勢いで増加しています。第二次世界大戦が終わった直後の1950年には25億だったものが2000年には61億、現在は77億です。2030年には85億、2055年には100億を突破するだろうと予測されています。100年間に4倍の急膨張です。誰がこの様な人口爆発を予想したでしょうか?

これだけの人口を養うには、それだけの農産物が必要となります。そのため、農地が酷使され、結果的に土壌の劣化や塩類集積などが起きて、徐々に砂漠化していくのです。

砂漠と聞けば、アフリカや中近東、中国内陸部の話と思うかもしれませんが、北アメリカやヨーロッパなど、緑で覆われていると思われる所でも、大規模に農業を行なっている地域では確実に砂漠化は進んでいます。

SECTION 26

砂漠の緑地化

地球上の陸地に占める砂漠の面積は年々拡大しています。このまま砂漠化が進行したら、農地は狭められる一方です。人類は化学肥料や農薬を開発し、限られた農地で生産する作物の量を飛躍的に増大させることに成功しました。

しかし、それも農地あってこその話です。農地が無いのでは肥料も農薬も何の役にも立ちません。緑地の砂漠化を食い止める手段、さらには砂漠を緑地に立ち返らせる手段は無いものでしょうか。

20世紀に入って人類はハーバー・ボッシュ法による空中窒素の固定に基づく窒素肥料をはじめとした各種化学肥料を開発し、有機塩素化合物系、有機リン化合物系、ネオニコチノイド系と進化する殺虫剤をはじめとした各種農薬を開発しました。そのおかげで食糧増産は飛躍的に発展し、ついに77億の人類に食料を供給するまでになりました。

21世紀に達成しなければならないこと、それは進行する砂漠化を食い止め、出来たら砂漠を緑化することです。それが無ければ増加する人口を受け止めることはできなくなるでしょう。まさしく科学、化学の力が試されようとしているのです。

高吸水性樹脂による緑化

砂漠を緑化する方法にはいろいろのものが考えられています。しかし、どの方法も実行に移すのは簡単ではありません。長い目で見て着実に進めて行くしかありません。

化学的な緑化の方法に高吸水性樹脂の利用があります。高吸水性樹脂とは紙オムツの成分の事を言います。この樹脂はプラスチック（合成樹脂）の一種であり、よく知られた様に大量の水を吸うことができ、なかには自重の1000倍を超す重量の水を吸収できる物もあります。この樹脂は水を一時的に吸収するだけでなく、長時間保持し続けることもできます。

この樹脂を砂漠に埋め、充分な水を吸収させたうえで、その上に植物を植えるのです。植物の根はこの樹脂から水を吸収します。このようにすれば給水間隔を長くすることができ、灌水の労力と費用を軽減することができます。

プラスチックは丈夫で壊れにくいという長所を持ちますが、これは同時に、不要になった後も環境に残り続け、最終的には環境汚染につながると言う短所にもなります。そのため、高吸水性樹脂とはいえ、プラスチックを砂漠に埋めるということは環境破壊につながりそうです。しかし現在、微生物によって分解される生分解性樹脂を利用した高吸水性樹脂の開発も進められており、近い将来実用化されるものと期待されています。

草方格による緑化

これは旧来的な経験に基づいた方法です。砂漠は砂丘の連続ですが、この砂丘は緑地の丘のように、不働の

●高吸水性樹脂

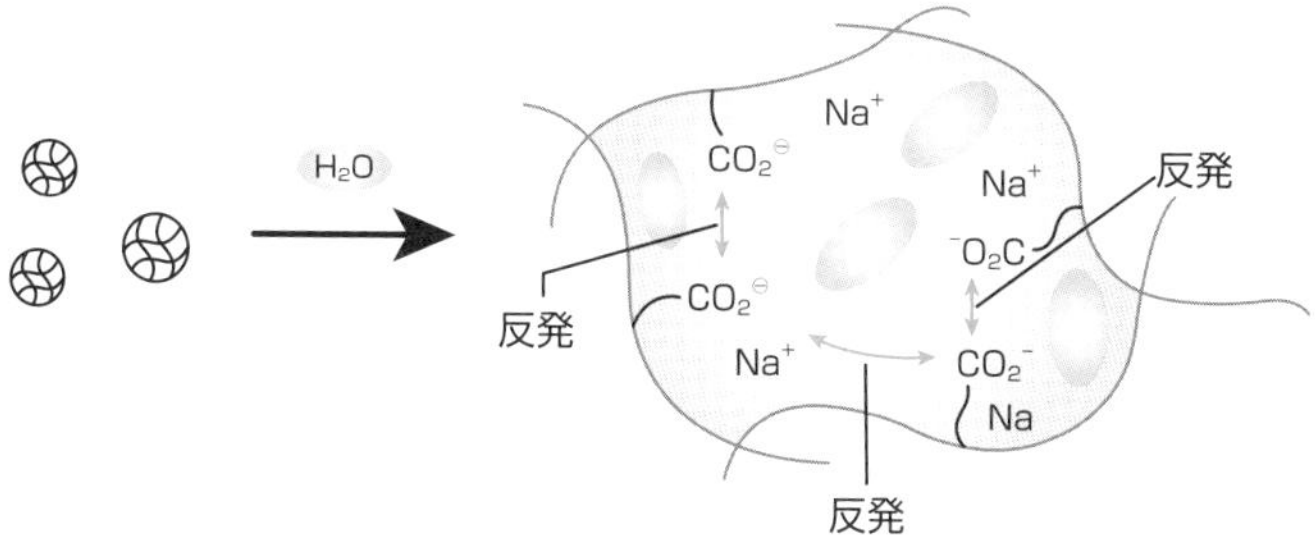

ものではありません。砂漠の砂丘は風によって移動するのです。この移動のために、植物を植えても根が露出して倒れてしまったり、逆に植物が砂に埋もれるなどしてしまい、結局植物は枯れてしまいます。つまり、水を吸う前に根が露出し、茎が倒れて枯れてしまうのです。これでは高吸水性樹脂を埋めても効果はでません。

このような事情を考えると、砂漠を緑化するには、その前に砂の移動を止めることが必要であることがわかります。砂の移動を止めるのは簡単です。樹木を植えて植生を回復すれば良いのです。そうしたら樹木が風を遮り、樹木の根が砂を捕まえて移動を止めてくれます。

問題は、どのようにして木を植え付けて繁茂させるのか、という最初の問題に戻ります。順序だてて考えると、樹木が繁茂するまでの間、樹木以外の方法によって砂の移動をくい止めれば何とかなりそうだということになります。

それでは植生が回復するまでの間、どのようにして砂の移動をくい止めれば良いのでしょうか。このための技術に「草方格」というものがあります。草方格は砂漠の緑化を進めているボランティア団体が推薦している方法であり、非常に有効な方法であろうと思われます。

❶草方格の設置

草方格は簡単で原始的な装置です。麦わらなどの草や灌木の枝を碁盤の目状に地中に挿すことで、砂の移動を抑えるもので砂防工法の一種です。草方格は簡単ですがその砂防効果は絶大で、施工した場所の砂の移動はほぼ完璧に抑えることができます。

しかし弱点もあります。それは劣化が早いという点です。麦わらを利用した場合、5年前後で草方格はほぼ完全に姿を消してしまいます。この間に植物を根付かせ、植生を回復させなければなりません。

❷草方格の植生

草方格内の植生育成を目指す際、最初に植える植物はマメ科の牧草が良いことがわかっています。これはマメ科の植物は根粒バクテリアによって空中窒素の固定を行うので、砂中に窒素成分を蓄えることができ、土壌改良をも兼ねることができるためです。

マメ科植物がある程度生い茂れば土壌中の窒素分が増えて地味が増し、マメ科以外の新たな植物をも植えられるようにもなります。

❸ 緑化の経済効果

砂漠の緑化を推進する場合、重要なことは緑化の活動自体が現地住民の利益に繋がるということです。「20年後の緑化を目指す」と言っても、現地住民にとっては現実味の薄い話です。それよりも、来年、再来年に収入が増えるかどうかが大切であり、その地に生活し、生きている人々にとっては当然の話です。

マメ科の植物が生えれば、それを市場に持って行って換金することができます。マメ科植物を飼料とすれば、牧畜業を主とする地元住民の生活に潤いを与える可能性が出てきます。動物が食べない硬い茎は草方格として使うことができます。

草方格が増えて草原が広がれば、より多くの家畜を飼うことができます。家畜が増えればその糞で土壌は養分豊かになります。現地人は草方格をひろげ、家畜を増やすということでモチベーションが高まることでしょう。このようなサイクルがうまく活動すれば、砂漠の緑化も夢ではなくなることでしょう。

SECTION 27

焼畑農業

焼畑農業は、主として熱帯から温帯にかけての多雨地域で伝統的に行われている農業形態です。緑豊かな土地に火を放って燃やしてしまうことから、砂漠化の原因の一つとされることもありますが、焼畑農業にはもう少し異なった面もあります。

焼畑農業の方法

焼畑農業では、それまで農作物を生産していた農地が2、3年の一定期間を経過したら、火を放って全てを燃やしてしまいます。そしてそのまま5、6年過ぎたらまたその農地で耕作を始めます。この様なサイクルを繰り返す農法を一般に焼畑農法と言います。

「一般に」と言ったのは、それ以外の焼畑農業もあるからです。つまり、農地を耕して2、3年経過したら、他の農地に移動して農耕し、5、6年後にまた元の農地に戻って耕作を始めるのです。つまり、この農法では農耕地を移動するだけです。畑を焼きはしないのです。

英語圏では、「焼畑農業」と言う言葉は「移動農耕」を指すのであり、火入れをすることは必ずしも必要とされません。つまり短期間の耕作と長期間の休耕が循環する農業、それが焼畑農業なのです。

焼畑農業の長所と短所

それにしても、循環農法の一種に田畑を焼いてしまう焼畑農法があることは確かです。しかし、焼畑にはそれなりの有効な機能があります。それを見てみましょう。

❶ 焼くことの意義

それまで耕作した農地を焼くことには意味があります。

・**熱帯の土壌は栄養となる塩類の流出が激しく、土壌がやせて酸性になっています。**

そこで植物を燃やすことで生じた灰のアルカリによって酸性を中和する作用があります。

・焼土することで、土壌の窒素組成が変化し、土壌が改良されると言います。
・加熱することによって種子や腋芽の休眠が覚めて発芽します。
・雑草や害虫、病原体が駆除されます。

❷ 休耕することの意義

長期間休耕することの意味は次のように考えられます。つまり、耕作期間中には雑草である多年生草本が繁茂しますが、休耕期間にはそれが死滅します。そのため、除草の手間を省くことができます。このことが、雑草がはびこりやすい湿潤熱帯において焼畑が農法として選択される最大の理由であるとする説もあります。

この他にも、焼畑農業は灌漑を利用しない天水農業であること、また、農耕地が一箇所に集中せず、点在的に広がるため、野生動物の活動領域が保障されて、野生動物の里地への侵入を防止する、等々と、熱帯地方の特殊性にうまく適合した農法であることがわかります。

この様なことが、焼畑農業が伝統的農法として長く支えられてきた理由と言えるのでしょう。

商業的焼畑

従来の焼畑農業で生産される作物は、ヤムイモ、料理バナナあるいは、トウモロコシ、陸稲などの自給用作物でした。

ところが近年では人口の増加や政府の定住政策、更には商品作物の栽培のために常畑に移行する例も少なくありません。つまり商品作物栽培のための常畑設置のための焼畑が進んでいることが、問題となっています。

現在行われている「焼畑」のかなりの部分は、実は「伝統的な焼畑」ではなく、「投資家によるプランテーション造成」「農業移民による常畑開墾」などではないかと指摘する向きもあります。

熱帯雨林地方と言う、地味に恵まれない地帯で行う無理な開墾はやがて砂漠化に繋がる恐れがあることは心に留めておきたいものです。

Chapter.5
農業プラント工場

SECTION 28

促成栽培

春の大地に種を撒いて、後は雨と太陽に任せて収穫の秋を待っていた原始農業から発達して、人類は大地を耕して種を撒き、水と肥料をやって植物を育てることを覚えました。やがて美しい花を容器に植えて、家の内部で育てると、冬の寒い時期にも花を見ることができることを覚えました。

美味しい夏の果物を、夏まで待たずに食べることはできないものか、その様に考えたのが促成栽培の始まりだったのではないでしょうか。促成栽培とは、作物を普通の畑地(露地)で栽培するより速く成長させ、その収穫物である花、果実などを普通の収穫期より早い時期に収穫する事を言います。

そのためには温度を高める、光を強くする、肥料を多くするなどの工夫が必要となります。しかし、その分、収穫物を市場に出した場合の価値は高まり、価格も高くなって収入も増えます。

促成栽培が成功すると、その農法から得た知識、技術を生かして、農業に科学知識、化学技術を積極的に取り入れようとの機運が出てきました。花の水栽培が一般化すると、これを農業に利用しようとの試みが行われました。それが成功すると、水だけでなく、光も人工的に与えることはできないかとの研究が始まります。

やがて農業は雨と太陽に支えられる自然農法から、水も光も人工的に与える化学農業、プラント農業に発達しました。

石垣イチゴ

日本における初期の促成栽培の成功例は石垣イチゴでしょう。1896年に始まったとされますから120年以上の伝統を持つ日本最古の促成栽培と言うことができます。

石垣イチゴは静岡市の久能海岸沿いの東西8㎞にわたって行われているイチゴの促成栽培で、有度山の南斜面に設置した石垣が太陽光に当たって暖かくなるのを利用したものです。1月から5月までがここでのイチゴ狩りシーズンになるそうです。普通栽培ならイチゴの収穫期は5月頃になるでしょうから、4カ月程度は促成されることになります。

この方法は石垣に集まる太陽エネルギーを利用するもので、人工的なエネルギーは何も用いていませんから、最高に省エネルギーであり、その意味で非常に優れた促成栽培ということが出来るでしょう。

電照菊

これは収穫時期を速める促成栽培ではなく、その反対に収穫時期を遅くする抑制栽培の例になります。

菊は、日照時間が短くなると花芽を形成します。その性質を利用し、花芽が形成される前に人工的に光をあてることにより、花芽の形成と開花時期を遅らせると言う方法です。そのために電気照明(電球)を利用するので電照菊と言われます。

この方法が日本で最初に行われたのは愛知県豊橋市で1937年のことと言います。使用する菊は秋に開花する秋菊が多いようです。秋菊が花芽を形成する以前の5

～8月頃の夜間（午後10時～翌日午前2時）に、電球などを用いた照明を菊にあてて、花芽を形成させせないようにします。

9月以降は照明を切って通常と同じ栽培を行ないます。この操作によって開花時期を数カ月遅らせて1月～3月に開花、出荷することができるようになります。かつては花の種類の少なかった冬の時期に色とりどりの菊の花を出荷できたので市場で喜ばれたようです。

現在ではビニールハウスを併用することが多くなっています。

温室

温室は、寒冷な地方で熱帯植物などを育てるために考案された部屋です。太陽光をたくさん取り入れて部屋を暖めるため、屋根や窓にガラスを使った温室は、植物を冬の寒さから守り、季節や気候に左右されずに栽培するための優れた施設です。

温室の歴史は古く、原型はローマ時代にすでにあったといいます。紀元前30年頃、ローマ皇帝ティベリウスが光を通すような薄い石板で覆った栽培室で冬にキュウリを育てていたそうです。

　近代的な温室の歴史は15世紀末、フランスのルイ12世が、オレンジの木を育てるために造った温室に始まるとされています。英語で温室をオランジュリー言うのはオレンジの栽培のために造ったことから始まったと言われます。

　イギリスでは植物収集の専門家、プラントハンター達が持ち帰った温暖な地の植物を越冬させるために、植物園でガラスの温室を造り始めました。本格的な温室は1619年にドイツのハイデルベルクに建てられたものが最初とされていますが、1694年にはイギリスの薬用植物園でガラスを使った本格的な温室が建設されています。

　現存する世界最古の温室は、ロンドンにある「キュー王立植物園」の大温室・パームハウスで、1848年に建設されました。日本最古のガラスを用いた温室は、1870年に東京、青山に建てられたものとされます。現存する最古の温室は、名古屋市の「東山動植物園」にある温室で1937年の開園当時のものであり、現在は国の重要文化財になっています。

ビニールハウス

現在の農園風景と言えば必ず白いかまぼこ型の簡易建物が目に入るほど、ビニールハウスは一般化されています。ビニールハウスは温室の簡易版ということができます。日本では、江戸時代後期に油を引いた障子紙で覆った箱の中で鉢物を保温している絵があります。現在のフレームのような物です。

農産品の育成に利用する生産温室の例としては、1882年にイギリス人らが大規模温室を建て、西洋草花を栽培しています。しかし、現在のような大規模な野菜栽培が行われるようになったのは、1955年ごろから盛んとなった大型ビニールハウスの普及によるものです。

大型ビニールハウスの中では、暖房器具によって温度が調節され、スプリンクラーによって散水が行われて、太陽光を入れるため、屋根が開閉式になっているなど、理想的な育成環境が整えられています。また、受粉のためにハウス内にミツバチなどの昆虫が放育されている例もあります。

SECTION 29

閉鎖農業

農業と言うと、広々とした空間に広がる田畑、空には雲が流れ、鳥が羽ばたき、花々には蝶が舞いという情景を思い浮かべますが、その様な開放的な空間とは真逆な、閉鎖的で光さえ乏しいような空間で展開される農業もあります。

軟白栽培

農作物の中には、光を遮断されて育つ物もあります。缶詰に利用されるホワイトアスパラガス、もやし豆、白い東京ウド(独活)などです。この様に植物に光を当てず、白く育てる栽培法を軟白栽培と呼びます。

東京ウド（独活）栽培

東京ウドは真っ白ですが、普通のウドは山ウドと同じく、緑色の植物です。東京ウドも普通のウドも、種としては全く同じもので、違いは育てる環境の違いです。しかしその育て方も、途中までは全く同じです。

ウドの栽培は収穫の前年の春から始まっています。ウドは種ではなく、根株から育てます。根株がたくさんのウドの芽を出すように栄養を蓄えさせることが大切です。

４月頃、ウドの根株を植えると芽を出し、茎を伸ばし、成長して夏には花も咲かせます。秋になって霜が降りる頃になると地上の茎部分は枯れますが、地下の根株は栄養を溜め込んで春の芽生えに備えています。

東京ウドの場合には、この根株を掘りだして「ウド室（むろ）」と呼ばれる場所に植えこみます。このウド室が特別な空間なのです。関東ローム層に掘った、深さ３ｍほどの竪穴から八方に広がる横穴の先に作られた小部屋がウド室なのです。地下ですから温度は四季を通じて15～20℃でほぼ一定で、光はもちろん一切入らないので中は真っ暗です。

ここに、懐中電灯を頼りに根株を植えたら、後は何もせず放置すること約1カ月。

真っ暗な中で、根株の栄養と水だけで東京ウドは一人で芽を出し、葉を出して育ちます。茎が長さ約80㎝まで伸びたところで、やっと収穫の時を迎えるのです。収穫された真っ白い東京ウドはそのまま遮光されて出荷されます。

モヤシ豆栽培

モヤシ豆の歴史は平安に遡るほど古いものと言います。当時は食用ではなく、薬用として食べられていたようです。現在のような食用のモヤシ豆は1850年以降、長崎に漂着した外人が伝えたものと言われます。

日露戦争では、日本軍はモヤシ豆を食べたので兵士はビタミンCを取ることができましたが、モヤシ豆を知らなかったロシア軍は壊血病になって負けた、という俗説があるそうです。また第二次大戦中、モヤシ豆は光のない環境で容易に栽培でき、ビタミンが豊富なことから潜水艦内でも栽培されたといいます。

❶モヤシ豆の栽培

モヤシ豆の作り方は、豆を豆の量の3倍の水に一晩漬け、その後、湯に15分ほど浸漬して殺菌します。この豆を通気性のよい薄暗い部屋で水を取り替えながら放置すると7日〜10日程度で発芽します。モヤシの根を太く育成させるために、植物熟成ホルモンのエチレンガス$H_2C=CH_2$を添加することもあります。

❷ モヤシ豆の種類

モヤシ豆には、原料に用いる豆の種類に応じていくつかの種類がありますが、現在主な物は次の三種です。

・大豆モヤシ

大豆を原料として発芽させたものです。中華料理や韓国料理の炒め物に多く使用されます。

・緑豆モヤシ

緑豆を原料とするモヤシです。太めで食味は比較的淡泊でクセがありません。

・ブラックマッペモヤシ

ブラックマッペ(ケツルアズキ)の黒色の種子を発芽させたモヤシです。クセがありますが甘みがあるのが特徴です。

手軽に購入でき多様に調理が出来るブラックマッペモヤシの普及に伴って、生産コストの高い小豆モヤシや大豆モヤシなどの豆モヤシは衰退しました。また以前は豆モヤシの代表であった小豆モヤシも食味と食感が似ている緑豆モヤシに駆逐され、1990年以降、急激に姿を消しました。ということで、現在流通しているのはブラックマッペ、緑豆、大豆モヤシの三種と言うことになりました。

菌床栽培

昔は、キノコは秋の食べ物であり、秋以外はシイタケやキクラゲなどの乾燥品を水で戻して食べるのが一般的でした。しかし現在ではスーパーの棚にシイタケ、マイタケ、シメジ、ナメコ、エリンギ、マッシュルーム等々と各種のキノコが年中並んでいます。これは全て菌床栽培の発展のおかげです。

菌床栽培とは、菌床と呼ばれる、オガクズなどの木質基材に米糠などの栄養源を混ぜた人工の培地でキノコを栽培する方法です。

キノコは菌類であり、シイタケのように枯れた木に生える腐生菌と、マツタケのように生きた木に生える根生菌がありますが、菌床栽培に利用できる菌はほとんどが腐生菌です。

代表的な方法では、まず、オガクズに各種の基材原料を所定の比率で混ぜます。これを容器に詰め、ここに菌を接種します。一般に菌糸体の成長にとって紫

●菌床栽培

外線は有害であることから、菌糸体を培養する部屋は暗く、人が作業をする際に必要な照明が点く程度になっています。また二酸化炭素濃度が高いと成長が阻害されることがわかっています。

多くのキノコは春、秋の比較的涼しい温度と湿度の高い状態を好みます。しかし、高すぎる湿度は有害になることから、栽培室は温度が10～25℃、湿度が80％程度に保たれます。

菌床栽培にとって怖いのは害虫と病原菌の感染です。中でも害虫は基材に直接の影響を与えるだけでなく、いろいろの病原菌を持ち込む可能性があるので厄介です。キノコに適した定温高湿環境は、有害菌にとっても最適の環境です。徹底した防虫と防菌の設備が必要となります。

このように菌床栽培の環境は温度、湿度が厳密に一定化され、害虫や雑菌が入らないように空調まで含めて調節されるなど、あたかも精密電子機器を作る工場のように整備されています。これも現代農業なのです。

SECTION 30

水耕農業

土を用いず、水と肥料だけで作物を育てる農業を水耕農業と言います。水耕農業の原典は水栽培です。

水栽培

園芸では水栽培、ハイドロカルチャーがよく用いられます。簡単な物は、ヒヤシンスやスイセンの良く肥大した球根を、水を入れた容器に倒れないように固定して球根の底だけを水面に接しさせます。するとやがて根が生え、それが水に浸って給水し、芽が出て成長していきます。やがて春になると立派に成長した植物に美しい花が咲きます。根の成長と茎の成長、それに花の美しさ、いろいろの要素を簡単に観察できる優れた栽培法です。

観葉植物にもこのような栽培法があります。コップなどの底に穴の空いていない容器に専用の培養土を入れ、そこに小型の観葉植物を入れて水を入れるのです。

この方法では定期的な灌水をする必要が無いので忙しい人や、水やりを忘れがちな人に便利な栽培法です。

水耕農業

水耕農業は、水栽培の方法を営利農業に発展させたものです。つまり、水耕農業は、養分を含んだ溶液を用いた養液栽培のうち、固形培地を必要としないもののことを言います。最近では農業でも多くの栽培に利用され、従来は不可能と言われていた根菜類の栽培も可能となっています。

水耕農業は基本的に水栽培です。その意味では次項で見る植物工場も水耕農業の一種とみることができます。

しかし、一般に植物工場という場合には、水栽培と同時に、人工光を用いるものを言います。必然的に栽培場所もコンクリートで完全密閉された、ビルの一室のような作りになります。

それに対して、ここで言う水耕農業はビニールハウスのような簡易建造物の中で行う物であり、したがって完全密閉型ではありませんし、光も基本的に太陽光利用で、人工光は使っても補助的な物に限られます。

水耕農業には湛液型水耕と薄膜水耕の二通りがあります。

❶ 湛液型水耕

湛液型水耕は、水栽培の原理を踏襲した方法です。この方法では、栽培ベッドと呼ばれる浅い容器に肥料が溶けた養液（培養液）を数cmの深さに溜めます。この水面に栽培パネルを固定し、このパネルに開けた穴に苗を定植して栽培します。

この方法では、培養液量が多いため肥料濃度や液温の変化がゆるやかです。また、停電がおきても一定の期間であれば植物が枯れることはありません。

一方、培養液中の溶存酸素量が減ることがあるので、エアレーションなどによって溶液中に空気を吹き込み、酸素量を一定に保つことが必要となります。

❷薄膜水耕

薄膜水耕は、薄膜、つまり薄い膜を用いる方法です。傾斜1％程度（1mの間に1㎝上下する傾斜）の平面上に、植物を植え、そこに培養液を薄く（少量ずつ）流下させる方法です。イギリスで開発された技術で、発展途上国向けに少ない資材費で養液栽培ができるように工夫されたものです。この方法では、次のことが特徴となっています。

- **培養液を循環させるため廃液が出ない**
- **水深が浅いので根への酸素供給が容易**

水耕栽培のメリットとデメリット

球根を育てるには便利で楽しい水耕栽培ですが、農業として大規模に行おうとするとメリットとデメリットがあります。

- **水耕栽培のメリット**

水耕栽培のメリットとして次のことがあげられます。

①土壌環境が関係ないので、どこでも栽培できる
②肥料濃度などを自動制御できるため、管理が楽
③必要な肥料が安定して供給されるので、成長のスピードが速く、質も安定する
④植え付け密度が高いので収穫量が多い
⑤作業のマニュアル化がしやすく、未経験者でも取り組みやすい

・水耕栽培のデメリット
メリットを見ると良いことだらけですが、必ずしもそうでもありません。デメリットとして次のことがあげられます。

①初期投資に費用がかかる（会社規模なら数千万～数億）
②運営費が掛かる（常に電気が必要など）
③良質な水を大量に必要とする
④閉鎖空間の維持が困難

①、②は設備費と経常経費ですから仕方ありません。③は最初に地下水などを調べておけばクリアできる問題です。もちろん汲み上げのための電気代は掛かりますが、水道水代に比べれば安いのではないでしょうか。

意外と難問なのが④と言います。というのは、普通水耕栽培の行われる空間はビニールハウスだからです。ビニールハウスはビニールで覆われているとはいうものの、次項で見る農業工場のような完全密閉空間ではありません。人が出入りする扉はもちろん、換気のための穴もあります。

当然そこから虫は簡単に入ることができます。虫が入れば病原菌も入ります。同一の水槽に多くの植物を植え、培養水がその間を巡回する水耕法では、一度病気が発生したら、瞬くまに全植物に蔓延してしまいます。

ということで、水耕法とは言えど、殺虫剤を使わずに年中安定した良質の野菜を収穫することは難しいようです。

SECTION 31

植物工場の原理

植物工場、それは農業界における最も新しい試みです。植物工場は、これまでに試され、実際に行われた各種の近代的農業の粋を結集した新しい農業です。そこには、土地、土壌、河川、日照などの自然環境に頼った、いわば貴方任せの農業でなく、全ての条件を人間自身の手でコントロールした農業を行いたいと言う、人類の昔からの願いがこもっています。

植物工場とは

植物工場は、自然環境から独立した農産物の生産システムです。環境から独立したということは、環境を汚染しないということをも意味します。

植物工場では、肥料溶液を用いた水耕栽培を基本とし、温度、湿度を制御することはもちろん、光も基本的に電力による人工光を用います。

植物工場には、ビル内などに造った閉鎖環境内で、水耕はもちろん、光までを完全人口光を用いて行う「完全制御型」と、前項で見た、温室やビニールハウス等の半閉鎖環境で太陽光の利用を基本とした「太陽光利用型」があり、実際にはどの程度までの施設が植物工場と言えるのかの境界は現在のところ明確ではありません。本書では前者だけを植物工場として扱うことにします。

植物工場は世界的に発展しつつありますが、日本での発展には特殊な事情がありますす。それは日本では農地法によって、一般企業による農地の取得が極めて困難だということです。そのため一般企業が取得できる通常の土地面積内で、営利目的で農業を行おうとしたら単位面積当たりの収穫量を増やさなければならず、効率重視の農業に頼らなければならないという事情があります。

この様なことで日本にはもともと植物工場を建設し、農作物を栽培しようと言うモチベーションがあったことは否めないようです。

植物工場実現の流れ

植物工場の起源は1957年に、デンマークのクリステンセン農場がスプラウトを種子の人為的発芽から始まって一貫して人工的に生産を行ったのが最初と言われています。北欧では冬季の日照時間が非常に短くなるため、人工的に光を補う植物生産が以前から行われていたのが基盤になったと言われています。

日本では1974年に日立製作所で開始されたサラダ菜の人工栽培の研究があります。その後、2009年に始まる植物工場の設立ブームのきっかけを作ったのは、2008年に農水省と経産省が共同で立ち上げたプロジェクトの発足によります。これによって多くの企業が植物工場に関心を持ち、開発に携わるようになりました。

SECTION 32

植物工場の長所と短所

政府の方針に後押しされる形で多くの植物工場が建てられ、操業を始めています。当初は、大学での研究結果は揃っていても実際の操業面では未知の面があり、特に営業に関しては手探り状態だったようです。

しかし、ようやくノウハウも蓄積し、順調に成績を伸ばしている所も出て来たようです。

完全制御型の植物工場

完全制御型の植物工場とは、外部と切り離された完全閉鎖的空間において、完全に制御された環境、すなわち温度、湿度、風量、風向などを調節する各種空調設備によって理想的に整えます。そこに、各種作物固有の要求に完全に応えた肥料、微量元素を含んだ培養液を湛えた育苗施設を設置します。

そして、とくに強調すべきは植物の成長育成、すなわち光合成に不可欠の光です。完全制御型では、この光を人工光源である白熱光、ナトリウムランプ、蛍光灯、LEDおよびそれらの混合光を用いて行います。そして植物に降り注ぐこれら人工光の、強度、波長分布はもちろん、それらの時間変化までをも完全に制御するのです。

完全制御型の生産規模は現在のところ、レタスに換算して日産1000株以上の大型から数百株の小型まで、いろいろあります。小型植物工場の多くはレストランなどに設置されて「店産店消」を実現しています。さらに小型のものでは展示用、あるいは家庭園芸用のミニタイプもあります。

完全制御型は露地栽培と比較して、以下のようなメリット、デメリットがあると言われます。

❶メリット

・安定供給

気温や台風などの気象変動の影響を受けることがなく、病原菌や害虫による被害も無いため、収穫量、品質が一定しています。

・**高い安全性**

病原菌や害虫の侵入がないため、無農薬栽培となっています。土等の付着もないため、簡単に洗うだけで食べることができ、レストランなど商業施設では手間や水道費を削減することもできます。

・**連作障害**

露地栽培では作物固有の連作障害が起こるので、一度使った畑地には数年間、同じ作物を育てることはできません。しかし、完全制御型ではそのような事は無く、同一施設で年に10回以上も連作することが可能です。

・**土地の高度利用**

苗を密植させることが可能であり、また薄膜式を用いれば一カ所に数段の棚設置も可能であり、土地の利用効率を高めることが可能です。

・**労務上のメリット**

栽培技術を標準化することができるので、農業知識が乏しい人でも作業できます。また、労働も軽微なので高齢者や障害者による作業が可能です。

❷デメリット

・**高額の費用**

最大のデメリットは何と言っても必要費用です。工場を設置するには、各種設備を揃える必要があり、高額の初期投資が必要となります。また、ランニングコストも高額です。特に光源(高圧ナトリウムランプ、蛍光灯、ＬＥＤなど)の電力費が高額となります。

・**少ない栽培品目**

高額な生産費用により、採算の合う作物は限られています。

半制御型の植物工場

半制御型と言うのは、光だけ完全制御しない、すなわち、太陽光を利用するというものです。これは普通のビニールハウスと大差ないことになります。栽培法も農地を利用して地面に苗を植えるものから、水耕栽培を行うものまでいろいろあります。農地を利用する場合は従来のビニールハウス農業と同じであり、植物工場と言えるかどうかは問題です。

❶メリット

光源として太陽光を利用するので照明の費用を低く抑えることができます。農地を使う場合には根菜類を栽培することもでき、製品の種類が豊富になります。

❷デメリット

完全制御型の植物工場ほどの高効率は無理です。農地を利用する場合には、土地の集約性も低くなります。害虫、病菌の害が出るので、農薬も必要になります。

SECTION 33

作物の付加価値保存

収穫した農作物は市場に出荷しなければなりません。生鮮野菜は収穫と同時に出荷しなければなりませんが、中にはバナナや西洋ナシなどのように、追熟のために一定期間貯蔵保管した方が、品質が向上し、市場価値が高まる物もあります。

また、根菜類や穀物などは市場の需要に応じて長期間保存しなければならない物もあります。この貯蔵期間をどのように過ごすかによって作物の品質と市場価格に影響が出ます。

包装

市場に送るにも倉庫に保管するにも、高価な果実は1個1個包装しますし、そうでない物も箱に入れて保管します。このような場合、包装や保管箱の品質が問題になります。

包装された農作物の品質を長期間保つとして知られているのがMA包装(Modified Atmosphere Packaging)です。MA包装とは、包装内の気体環境を内容食品の品質保持に最適なものに保つ技術です。この技術は1970年代に入ってプラスチックフィルムの製作技術が向上するにつれて広く利用されるようになりました。

野菜や果物などの青果物は収穫後も呼吸作用を行い、酸素を吸収して二酸化炭素を放出しています。そしてこの作用を行うために自身の中に蓄えたブドウ糖などの糖類を消費し、徐々に品質が劣化していきます。この品質劣化を抑えるには、青果物の呼吸を抑えるのが一番です。

MA包装は、「低酸素・高二酸化炭素」状態を保つことで青果物の呼吸を抑えるものです。青果物の呼吸は、温度と大気中のガス条件によって大きく影響を受けます。一般に低温状態では呼吸が抑制されるため、これを利用して低温貯蔵・輸送などが行われます。また、空気中の酸素や二酸化炭素の濃度によっても影響を受け、低酸素・高二酸化炭素の状態で呼吸が抑制されます。

MA包装は包装された青果物の呼吸作用だけで包装系内を高二酸化炭素、低酸素状態に保つものです。つまり青果物が自分の呼吸作用で二酸化炭素を放出し、それが包装内に充満するのです。

CA貯蔵

CA（Controlled Atmosphere）貯蔵は、MA包装の原理を倉庫に拡大したものです。一般に青果物は水分含量が多いため腐敗しやすく、また収穫後も蒸散や呼吸が盛んなのでしおれやすいです。その上、呼吸作用によって糖分は減少します。したがって、青果物の鮮度や品質を一定期間保持するために、次のような技術を備えたのがCA貯蔵です。

①低温で貯蔵して蒸散や呼吸を抑え、微生物の繁殖を防ぐ必要があります。低温に弱い熱帯、亜熱帯産の青果物を除き、一般に貯蔵適温は0～4℃とされます。

②「低酸素・高二酸化炭素」の状態で保管するためには室内の炭酸ガス濃度は大気よりも高く、酸素濃度は低くなるようにガス組成を調節すれば良いことになります。

氷温貯蔵

食品を冷蔵庫で保存するには、冷温保存（約10～0℃）、冷凍保存（0℃以下）と氷温保存（0℃～）があります。最近お酒の保存などでも話題を呼んでいるのが氷温保存です。氷温保存とはどのようなものなのでしょうか？

氷温貯蔵の実際

純粋の水は融点（凝固点）の0℃で凍ります。しかし、現実の水にはいろいろの物が溶け込んでおり、不純水となっているので0℃では凍りません。もっと低い温度、すなわちマイナス何度かになって初めて凍ります。

青果物に含まれる水分には糖分、脂肪分、タンパク質、ミネラルなど各種の成分が溶け込んでいる不純な水です。当然0℃では凍りません。それより低い温度、つまりマイナス何度という低温になって初めて凍ります。凍る温度は青果物によっていろいろですが、リンゴはマイナス3℃、サクランボはマイナス4℃付近まで凍りません。

このように0℃を下回っても、食品が凍らない温度帯を氷温帯と言い、その温度帯で食品を貯蔵する事を「氷温貯蔵」と言います。この「氷温貯蔵」で食品を貯蔵すると鮮度を落とさず長期間保存が可能になります。リンゴやナシなどは1年間保存しても鮮度を保てると言います。そればかりでなく、氷温で保存すると熟成が進んで、さらに美味しくなると言います。

しかし、長期間にわたって氷温を保つには0・1℃の温度を調整する高精度の設備が必要であり、専門の冷蔵庫が必要になります。

氷温貯蔵の効果

氷温貯蔵には3つの効果があると言われています。

①保存効果

冷凍保存と違って細胞が壊れるリスクが無いため、通常の冷蔵保存の3～5倍の期間は保存できると言います。

②美味しくなる

細胞は氷温下のストレスにさらされると、凍ることを防ぐ為に不凍物質を分泌します。この不凍物質のアミノ酸や糖分が食味を向上させます。

②衛生的

氷温では病原性大腸菌やサルモネラ菌など、有害な病原菌が減少するため、衛生的に保存できます。

このように現在の農業は、播種から育苗、収穫、更にはその後の保存まで、あらゆる面で科学の目が行き届き、その成果を現実に生かすために高度に工業化されています。いまや、農業は植物を使った工業と言って良いのかもしれません。太陽や雨と共に植物の成長を見守り、収穫の味に酔いしれる、などと言う農業は「夢のまた夢」なのかもしれません。

Chapter.6
これからの農業

SECTION 34

循環型農業

宇宙は138億年前に起こったビッグバンによって誕生しました。この大爆発によって生じたのが、最小の原子である水素原子Hでした。宇宙に飛び散った水素原子は、最初は霧の様でしたが、やがて集まって雲のようになりました。すると重力が発生して更にたくさんの水素原子を集めることになりました。

この様にしてできた水素原子の雲の中心は高密度になり、摩擦熱などで大変な高温になりました。このような高密度、超高温の状態で起こったのが水素原子の核融合反応です。これは水素爆弾と同じ反応です。このようにして水素原子の雲は核融合反応の発生する巨大なエネルギーで煌々と輝くことになりました。

これが恒星であり太陽です。私たち生物は全て太陽で起こっている核融合反応のエネルギーで生きているのです。農業は、このエネルギーを農作物という形で固定する、あるいは缶詰にする作業ということができます。

生命体のエネルギー

地球上の生物は、そのすべてが太陽の光エネルギーによって生存しています。しかし、生物によってはその光エネルギーを直接利用できないものもいます。人間もそのような生物の一種です。

農業は植物の力を借りて太陽の光エネルギーを固定する営みです。固定された光エネルギーは農産物の形を取って私たちを養ってくれます。その意味では農業はエネルギー産業の一つと見ることも可能です。

農業によって固定されたエネルギーの周りにはいろいろの生物が寄ってきます。昆虫や動物はもちろん、数えきれないほど多くの微生物もその仲間です。微生物の中には植物の成長を助長するものもいれば、阻害するものもいます。植物にとって直接には害になる生物も、回り回って植物を助けている可能性もあります。

これからの農業は、その様な広い視野を持って、活動していくことが大切なのではないでしょうか？

循環型農業とは

地球上のあらゆる動物は、動物や植物を食べ、大気中の酸素や水など必要な物質を取り込んで生命活動を行い、余分な物を排泄し、やがて死んでいきます。植物や微生物は、動物の排泄物や遺体を分解して吸収します。

分解の過程で発生した二酸化炭素は植物が太陽光の光エネルギーを用いて光合成し、炭水化物や酸素として地球環境に放出します。そして、植物はまた動物の餌になり、やがてすべての動植物は微生物によって分解されて土に戻ります。このように、地球上に住む全ての生物は、生態系という大きなサイクルの一員となって循環しているのです。

この様な自然の生物循環を反映した農業を循環型農業と言います。それは、化学肥料や農薬に頼らずに農作物を栽培し、それらの作物を人の食料や家畜の飼料などにし、廃棄物を肥料として植物に戻すというものです。つまり、自然の生態系に近い状態の中で畜産や酪農と農業、人の活動をリンクさせようという農業です。

「循環型農業」の基本は、農産物を人間と家畜の食料とし、その食べ残しや排泄物、作物のワラなどを堆肥に活用して微生物に分解させることでよい土をつくり、農産物に栄養を与える……という、地域内のサイクルにあります。

微生物農法

循環型農業の基本になるものに微生物農法があります。微生物農法は、農業に適すると考えられる微生物を土壌に加えることで土壌を改良し、作物の育成を促進しようとする農業です。そのためには農薬や肥料の使用を抑えることで土壌を微生物の生息しやすい環境に整えることが大切となります。

微生物は、枯れた植物や糞尿などの有機物を分解し、植物の養分を生み出し、また土の団粒化を促して水はけや通気性を向上させるなど、植物にとって有用な働きをしてくれます。つまり、植物と微生物は共存関係にあるのです。

しかし、無機物である化学肥料を多く使いすぎると、土壌中の有機物を食べる微生物の数は減少します。そのため土壌中の微生物のバランスが崩れ、植物は連作障害等の病気にかかりやすくなります。するとそれを防ぐために農薬を多く使用することになり、農薬によって微生物はさらに減少します。

　そこで植物の生育に良い働きをすると考えられる菌を添加することで土壌の微生物のバランスを改善し作物の育ちを改善しようとするのが微生物農法です。

　添加する微生物は、植物に必要な窒素の固定やリン・鉄の可溶化などを行って植物を成長促進させ、さらに抗生物質などを分泌する菌根菌や、植物体内で養分の供給や耐病虫性を持たせるなどの働きをしているエンドファイトといわれる菌など数多くあります。

　この様な各種微生物を接種し、土壌中で増殖することにより作物の育ちが改善し、ひいては肥料や農薬の代わりとなる効果が期待されています。

●エンドファイト

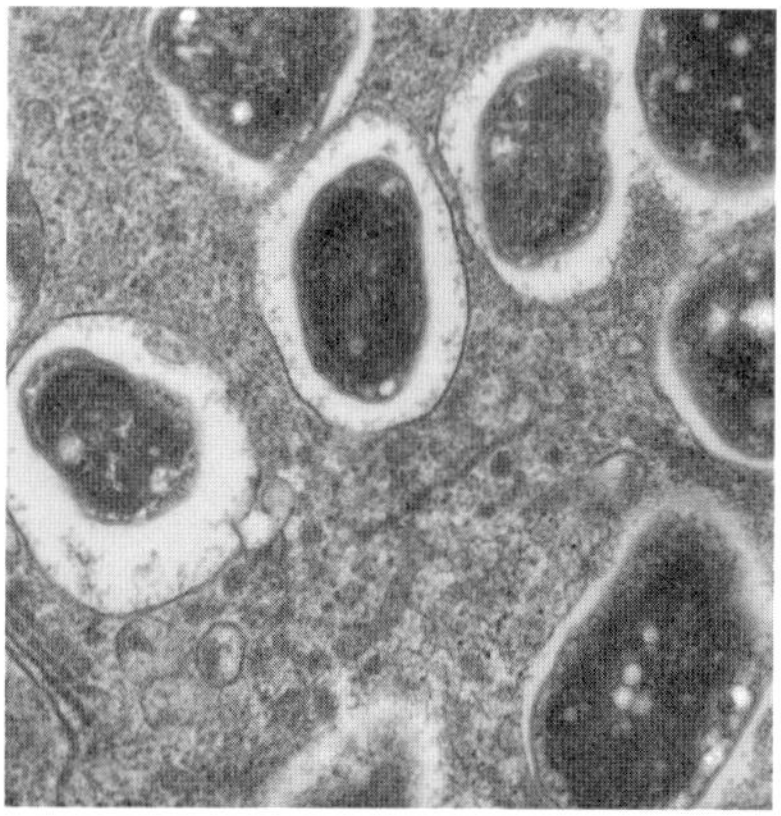

SECTION 35

エネルギー生産農業

農業は太陽の光エネルギーを農産物という目に見え、手で触れ、食べることのできる物体に固定すると言う意味で、最も根源的な意味でエネルギーに直結した営みということが出来るでしょう。

化石燃料のもたらす環境汚染や化石燃料そのものの資源枯渇が問題になるなか、最近話題になっているのが再生可能エネルギーです。再生可能エネルギーには風力、波力、地熱などいろいろのものがありますが、植物が関係した物もいくつかあります。主なものはバイオマスエネルギー、石油生産植物、石油生産菌などです。

バイオマスエタノール

バイオマスエネルギーは植物をエネルギー体とみなし、それを改質し、燃焼することによって熱エネルギーを得ようとするものです。簡単で原始的なものとして木材そのものを燃やす薪や、薪を乾留して作った木炭などがあげられます。そのような中で現在注目され、実用化に至っているのがバイオマスエタノールです。

バイオマスエタノールは、サトウキビやトウモロコシなどを発酵させ、蒸留して得たエタノールです。トウモロコシに限らず、米でも麦でもジャガイモでも、酵母を使ってアルコール発酵をさせれば醸造酒になってエタノールができ、それを蒸留すれば純粋なエタノールになるのは当たり前の話で、少しも新しい話ではありません。

南米で昔から飲まれているラム酒はサトウキビの廃液をアルコール発酵し、蒸留したものでアルコール濃度は80％くらいのものまでが飲料となっています。アメリカで飲まれるバーボンウイスキーはトウモロコシで作った蒸留酒です。つまり、バイオエタノールと言うと斬新に聞こえますが、要は蒸留酒で自動車などを動かそうと言うわけです。

❶バイオエタノールの原料

このようにして作ったエタノールは植物由来ですから、その燃焼によって生じた二酸化炭素は次世代の植物の光合成に利用されることになり、結果的に大気中の二酸化炭素量を増やすことにはなりません。そのため、再生産可能なエネルギーと言われるわけです。

しかし、トウモロコシは民族にとっては主食です。特に経済事情の良くない国々で食べられています。その様な大切な物を自動車の燃料にしてよいのかと言う倫理的な問題は残ります。

アルコール発酵をするにはブドウ糖が必要です。ブドウ糖はトウモロコシにだけ含まれているわけではありません。全ての穀物に含まれるデンプンはブドウ糖の塊です。それなら、米や小麦などの穀物をアルコールに換えるのか？　それこそ倫理的な問題です。

❷セルロースの利用

しかし、ブドウ糖の塊はデンプンだけではありません。草木を作るセルロースも同じです。草食動物には申し訳ありませんが、人間が食用にできない、このセルロースをブドウ糖に分解してアルコール発酵をさせたらどうでしょうか？

現在、この様な研究が進行中です。原理的に問題はありませんが、問題になるのは効率とコストです。アルコール発酵をさせるためにはセルロースを加水分解してブドウ糖に換えなければなりません。そのためには、適当なバクテリアを探してくるとか、高温高圧の超臨界水を利用するとか、いろいろの方法が試されていますが、白アリの体内に共生しているある種の微生物も有力候補として挙がっています。

近い将来、倒壊寸前の空き家を壊して廃材をエタノールにするなどということが可能になるかもしれません。付け加えるなら、このようにして得たブドウ糖は全ての動物の貴重なエネルギー源であり、将来来るかもしれない食糧危機の際には救世主になるはずです。その意味でもこのセルロースの分解反応は完成させたいものです。

現在毛嫌いされているシロアリが人類の救世主になる、などと言うのも愉快な話ではありませんか?

石油植物

石油は化学的に見れば、炭素Cと水素Hだけからできた化合物であり、一般に炭化水素と言われます。植物がこの様な炭化水素を作るのは以前から知られていることであり、有名なのは天然ゴムです。これはイソプレンと言う小さな炭化水素分子がたくさん結合した物です。また、森林浴で有名になったテルペンも炭化水素です。

石油植物というのは、この様な炭化水素をたくさん含む植物の総称です。有名なのはコアラの餌になるユーカリやアオサンゴなどで、1年間に1ヘクタール当り3000リットルの石油にあたる物質がとれるといわれています。

ユーカリは葉などを水蒸気蒸留すると、ガソリンなどの揮発油4%、灯油、

●ユーカリ

軽油などの高沸点油4・5％を含むユーカリ油が抽出されます。ユーカリ油はオクタン価が高く、排出ガスのCO濃度が低いので、ガソリンと混用する燃料として利用できます。

アオサンゴは、沖縄などで生育する亜熱帯植物で、1年間に約50㎝ずつ成長します。樹液には約1％の石油に近い炭化水素が含まれており、これを化学処理すれば燃料となります。

植物には切り口から乳状の樹液が出るものがありますが、それらはすべて石油植物ともみなすことができます。その様な植物の種類は多く、トウダイグサ科だけで6000種に達すると言います。探せば有力な植物がたくさん見つかることでしょう。また、現在食用油を採取している植物も石油植物と考えることができます。既にひまわり油や菜種油などでディーゼルエンジンを動かすなどの実験が行われて、良い成績を上げていると言います。しかし、バイオエタノールの問題と同じように、この様な貴重な食用油を自動車の燃料にしてよいのかという批判の声はあがりそうです。

石油菌

石油がどのようにしてできたのかについてはいろいろの説があります。日本では石油は太古の生物の遺骸が地熱と地圧によって変化したものと言う石油有機起源説を教わります。

❶ 石油の起源

しかし、ロシアなどでは周期表で有名なメンデレエフの時代から、石油は地中で化学反応によって生成するものという石油無機起源説が優勢と言います。この説に従えば石油はこの瞬間にも地中で発生しているのであり、資源の枯渇の問題は無いことになります。

今世紀の初めにアメリカの有名な天文学者が、惑星が出来る時には中心に膨大な量の炭化水素が溜まると言う石油惑星起源説を提唱しました。この炭化水素が比重によって地表に浮上する間に、地熱と地圧により石油に変化するというのです。石油資源量の膨大さを支持するこの説も、石油の資源枯渇は心配ないことを示唆しています。

現に、一度枯渇した油田にいつの間にか石油が舞い戻るという現象は実際に起こっていると言います。石油の有機起源説に固執して、資源枯渇を心配する必要は無いのかもしれません。

❷石油合成藻類

さらに最近になって、石油は生きた微生物によって作られたのかもしれないと思わせる事実が発見されました。オーランチオキトリウムと言う、日本で2007年に発見された藻類です。水中の有機物を食べて炭化水素を作るという優れものです。

しかもこの藻類が作る炭化水素は純度が高く、火力発電に使用する場合なら、精製を行なうことなく、培養したものを藻類ごとペレットにすればOKということです。2011年にはオーランチオキトリウムから精製した油を軽油に70%混ぜて、ディーゼル車を走らせることに成功しています。

炭化水素を作り出す藻類は他にも知られていましたが、油の回収や処理を含む生産コストが1リットルあたり800円程度と高価になるのが難点でした。ところがオーランチオキトリウムを利用すると、その10分の1以下のコストで生産できるものと期待されています。これなら、現行のガソリン価格と優に比肩することが出来そうです。

❸ 耕地の有効利用

この藻類は土地効率も高く、仮に深さ１ｍの水槽で培養したとすると、面積１ヘクタールあたり年間最大約１万トンの炭化水素を作り出せると試算されています。これは2万ヘクタールの培養面積で日本の年間石油消費量を賄うことができることを意味します。現在の日本には耕作放棄地が40万ヘクタールほどあると言われます。これを利用したら日本が石油輸出国になると言うのも夢でないかもしれません。

さらに凄いのは微生物を二段構えに使うアイデアです。ボトリオコッカスと言う微生物は二酸化炭素を吸収して有機物に換えることが出来るのです。つまり、ボトリオコッカスに二酸化炭素を吸わせ、出てきた有機物をオーランチオキトリウムに食べさせれば、二酸化炭素を石油に換えると言う、まさしく夢のようなことが実現できるのです。

将来の農業の新しい活躍の場になるのではないでしょうか？

SECTION 36

生物共存農業

20世紀中ごろまでの農業は牛に鋤を引かせて田畑を耕し、生産物は牛や馬に引かせた大八車（だいはちぐるま）で市場に運んでいました。牛や馬の糞は、そのまま田畑の肥料になっていました。

それが現在は、動力は全てガソリンエンジンになり、肥料は全て化学肥料になりました。田畑で働くのは人間だけです。もっと、他の生物の力を借りても良いのではないでしょうか？

合鴨

●合鴨（あいがも）農法

田んぼで合鴨(あいがも)を飼うことが行われています。合鴨と言うのは簡単に言えばアヒルと鴨のあいの子です。

❶ 方法

春に水を張った田んぼに合鴨のヒナを放すのと、ヒナは田んぼの雑草を食べて大きくなるので田んぼの草取りになります。さらに、水かきで水中を掻きまわすので、水に酸素が混じり、稲の生育に良い結果をもたらします。そして稲が成長して稲穂が垂れる頃にはコロコロと太って、美味しいカモスキになるという寸法です。

可愛そうですが、これは稲穂が垂れる時期になると合鴨が稲穂を食べてしまうので、それ以上田んぼに放しておくことができないためです。仮に翌年まで飼育を継続すると、成長して背が高くなった合鴨は早い時期から稲の苗を食べてしまうので、害の方が大きくなるということです。

❷ 歴史

日本には平安時代頃に中国大陸からアヒルや合鴨が渡来し、食料として飼育されました。近代に入ると、飼料費の節減などを目的にアヒルやカモを水田・河川などで放し飼いにする事が推奨されました。また、戦中・戦後の食糧難の時期にはアヒルなどの水禽を日中のみ水田に放す複合農業が試行されました。

日中のあいだアヒルを水田で放し飼いにして草や虫を食べさせ、日が暮れると小屋へ移動させるという方法は、のどかな田園風景の象徴ともされました。

しかし稲作に農薬を使うようになった1960年代以降、アヒルが農薬で死ぬようになったために廃れてしまったと言います。この頃、佐渡のトキ、関西のコウノトリ、あるいはアオサギなど、かつて日本に広く存在した大型の鳥が次々と姿を消しました。今更ながら農薬の危険性に気づかされます。

その後、1985年頃に、水田の生態系を保つ無農薬栽培の一環として実用的アイガモ除草法が確立され、その後各地に広がって現在に至っているということです。

堆肥

堆肥と言うのは、農作物の不要部分、つまり稲や麦の葉や茎の部分、あるいは野菜などの商品にならない不要の部分と、畜産で出た敷き藁、糞尿などを一カ所に集めて発酵させた物です。

昔は田の収穫が終わると脱穀して葉と茎だけになった稲柄を一カ所に集めて搭状に積み上げた「藁にお」と言う物を作りました。そのまま半年放置すると、藁は発酵して分解します。これをそのまま田に梳きこんで肥料として使いました。

堆肥はこのような発酵した稲や麦の不要部分を中心に、各種有機物を発酵、分解させた物です。植物は生育するために肥料を使います。その肥料は果実や種子にも行きますが、多くの部分は食料にならない茎や葉の部分に残ります。これを、翌年に育つ植物の肥料にしようと言うのが堆肥の基本原理です。

❶ 堆肥の効用

堆肥を用いると土壌に様々な効果が現れます。その主なものは次のものです。

・団粒組織構成

作物の生育に適した土壌は、水もちが良くて水はけが良いという一見矛盾した土壌です。水もちが良すぎると通気性が阻害されて酸素が欠乏します。反対に、水はけが良すぎると作物に水が供給されず、植物は枯れてしまいます。この二つの相反する条件を満たす土壌構造が団粒構造なのです。堆肥に含まれる腐植物質が土壌粒子を接着することによって団粒組織を作ります。

・肥料保存力

腐植質はアンモニアNH_3、カルシウムCa、カリウムKなどの陽イオンを保持する力(陽イオン交換容量)があります。これは化学肥料には無い機能です。

・病害虫の抑制

堆肥を与えることによって、微生物やミミズなどの土中生物が増えます。これらが有害虫菌を捕食するなどして、病虫害の発生を抑制します。

・緩衝能の増大

堆肥中には多種多様な物質があるため、化学的変化に対しての緩衝能を持つ、つまり少々の化学変化にはいちいち敏感に反応しなくなります。そのため、安定した土壌を作ることが出来ます。

❷ 現在の農業

現在の農業は、植物の収穫物以外の不要部分は焼却します。焼却された栄養素、窒素、リン、カリは水溶性の無機物となります。それを田畑に放置したら雨や雪解け水に溶けてやがては海に流れ去ってしまいます。堆肥は、次世代の農作物が利用できるように、有機肥料の形で留め置く装置なのです。

不要植物や動物の排泄物を貴重な有機肥料に変えるのは微生物です。土の中には無数と言ってよいほどの種類の微生物が存在します。それらが互いに協調しながら、不要有機物を分解して有機肥料に変えるのです。

この様な堆肥を利用することは、農業に微生物の働きを導入することであり、まさしく生物共存の農業ということになります。

SECTION 37

緑の革命

「緑の革命」というのは、1940年代から1960年代にかけて行われた農業運動です。そこでは化学肥料の大量投入、農作物の品種改良などの積極的改良が行われ、穀物の生産性が向上し、穀物の大量増産を達成することが出来ました。それによって、当時アジアで心配されていた食糧危機の危険が回避されたのでした。

この運動は農業革命の1つとされ、提唱者であるアメリカの農学者ノーマン・ボーローグは1970年に「歴史上のどの人物よりも多くの命を救った人物」としてノーベル平和賞を受賞しました。

●ノーマン・ボーローグ

改革運動

ボーローグらは1944年に研究グループを立ち上げ、当時の農業を徹底的に研究しました。

❶ 品種改良

在来品種は、一定以上の肥料を投入すると収量が逆に低下しました。それは在来品種の場合、植物の倒伏が起こりやすいために肥料の増加が収量の増加に結びつかなかったからです。

そこで、小麦や米の品種改良が行われ、背の低い短茎種が開発されました。これらの品種は、植物体全体の背は低くなりますが穂の長さへの影響は少なく、収量は大差ありません。

これによって作物が倒伏しにくくなり、施肥に応じた収量の増加と気候条件に左右されにくい安定生産が実現しました。

❷灌漑設備・防虫技術

灌漑設備を整備充実し、全ての農地に十分な水が行き渡るようにしました。加えて農作業の機械化を促進しました。これによって農作業全体が近代化され、量産体制が整いました。また、殺虫剤や殺菌剤などの農薬を積極的に投入し、病害虫から作物を護ると同時に、病害虫の防除技術を向上させました。

この様な「緑の革命」によって1960年代中ごろまでは危惧されていたアジアの食糧危機が回避されただけでなく、需要増加を上回る供給の増加が実現しました。これによって食糧の安定供給が確保され、穀物価格は低落しました。

革命のメリットとデメリット

しかし、何事にも明暗はあります。緑の革命にも輝かしいメリットもあれば、批判されるデメリットもあります。

❶メリット

緑の革命のメリットは農業分野に留まらず、国内に広く影響しました。

・**穀物供給量の増大**

緑の革命によって穀物供給が増大し、価格が減少したことによって都市の労働者等の貧困層の経済状態が改善されました。

・**国内の工業化**

このような農業の効率化によって余剰となった労働者が都市に移動することによって、国内の工業化が促進されました。

・**貧困層の救済**

この結果、農村の最貧困層である土地なし労働者への労働需要が高まり、彼らの経済状態は改善されました。

❷ デメリット

デメリットは主に環境問題に絡んだものでした。

・**化学物質の大量投下**

緑の革命は化学肥料や農薬といった化学工業製品の投入なしには維持できなくなり、持続可能性が問われました。

・**プラスチックの登場**

稲の背が低くなったため、稲藁が使用に適さなくなり、プラスチックなどの石油化学製品の購入を強いられたと言います。

・**環境汚染**

化学肥料と農薬の使用などによる土壌汚染で、水田での淡水魚の養殖が困難になりました。

ボーローグの言葉

ボーローグは、緑の革命へのいくつかの批判点については真剣に懸念し、真摯に答えています。そこでは自分の行ったことを「正しい方向である。しかし世界をユートピアにするものではない」と述べています。

同時に緑の革命に批判的な環境ロビイストに対しては、次の様に痛烈に反論しています。

「西欧の環境ロビイストの中には耳を傾けるべき地道な努力家もいるが、多くはエリートで空腹の苦しみを味わったことがなく、ワシントンやブリュッセルにある居心地の良いオフィスからロビー活動を行っている。もし彼らがたった1カ月でも途上国の悲惨さの中で生活すれば、それは私が50年以上も行ってきたのだが、彼らはトラクター、肥料そして灌漑水路が必要だと叫ぶであろうし、故国の上流社会のエリートがこれらを否定しようとしていることに激怒するであろう。」

人類に対するボーローグの貢献に感謝しない人がいるのでしょうか？

索引

英数字・記号

あ行

か行

さ行

た行

ま行

や行

ら行

な行

は行

■著者紹介

齋藤　勝裕（さいとう　かつひろ）

名古屋工業大学名誉教授、愛知学院大学客員教授。大学に入学以来50年、化学一筋できた超まじめ人間。専門は有機化学から物理化学にわたり、研究テーマは「有機不安定中間体」、「環状付加反応」、「有機光化学」、「有機金属化合物」、「有機電気化学」、「超分子化学」、「有機超伝導体」、「有機半導体」、「有機EL」、「有機色素増感太陽電池」と、気は多い。執筆暦はここ十数年と日は浅いが、出版点数は150冊以上と月刊誌状態である。量子化学から生命化学まで、化学の全領域にわたる。更には金属や毒物の解説、呆れることには化学物質のプロレス中継?まで行っている。あまつさえ化学推理小説にまで広がるなど、犯罪的?と言って良いほど気が多い。その上、電波メディアで化学物質の解説を行うなど頼まれると断れない性格である。著書に、「SUPERサイエンス 貴金属の知られざる科学」「SUPERサイエンス 知られざる金属の不思議」「SUPERサイエンス レアメタル・レアアースの驚くべき能力」「SUPERサイエンス 世界を変える電池の科学」「SUPERサイエンス 意外と知らないお酒の科学」「SUPERサイエンス プラスチック知られざる世界」「SUPERサイエンス 人類が手に入れた地球のエネルギー」「SUPERサイエンス 分子集合体の科学」「SUPERサイエンス 分子マシン驚異の世界」「SUPERサイエンス 火災と消防の科学」「SUPERサイエンス 戦争と平和のテクノロジー」「SUPERサイエンス 「毒」と「薬」の不思議な関係」「SUPERサイエンス 身近に潜む危ない化学反応」「SUPERサイエンス 爆発の仕組みを化学する」「SUPERサイエンス 脳を惑わす薬物とくすり」「サイエンスミステリー 亜澄錬太郎の事件簿1　創られたデータ」「サイエンスミステリー 亜澄錬太郎の事件簿2　殺意の卒業旅行」「サイエンスミステリー 亜澄錬太郎の事件簿3　忘れ得ぬ想い」「サイエンスミステリー 亜澄錬太郎の事件簿4　美貌の行方」「サイエンスミステリー 亜澄錬太郎の事件簿5［新潟編］　撤退の代償」（C&R研究所）がある。

編集担当：西方洋一 ／ カバーデザイン：秋田勘助（オフィス・エドモント）
写真：©Ievgenii Biletskyi - stock.foto

SUPERサイエンス
人類を救う農業の科学

2020年4月1日　　初版発行

著　者　齋藤勝裕
発行者　池田武人
発行所　株式会社　シーアンドアール研究所
新潟県新潟市北区西名目所4083-6（〒950-3122）
電話　025-259-4293　FAX　025-258-2801
印刷所　株式会社　ルナテック

ISBN978-4-86354-303-4　C0043